H. Soeder • Ich und das Universum

Über den Autor und sein Buch

Helmut Soeder, geboren 1924 in Darmstadt, lebt derzeit in Brensbach. Nach dem Notabitur in Freiburg drei Jahre Soldat (Flugzeugführer), mit 20 Jahren Kriegsgefangenschaft und Flucht; nach dem Krieg Nachholen des Abiturs und Studium der Chemie, das indes abgebrochen werden mußte, weil der Autor in der väterlichen Lackfabrik dringend gebraucht wurde.

H.. Soeder zur Entstehungsgeschichte und Intention seines vorliegenden Buches: »Der Grund zu diesem Buch liegt in meiner frühen Jugend. Ich wurde streng christlich erzogen, aber mit 16 Jahren wurde mir klar, daß der Glaube in der Realität keine Entsprechung hat. Niemand konnte mir meine Fragen über das Leben, über Gott und seine Schöpfung beantworten. Stets wurde ich mit Schlagworten aus der Bibel abgespeist. Ich fühlte mich seelisch heimatlos und begann mit 16 Jahren, ein Buch zu schreiben, das aber kaum über den Titel hinauskam: ›Suchende Jugend‹. Mein ganzes Leben war letztlich von der Fragestellung nach dem Warum und dem Wozu geprägt. Aber erst nach Beendigung meiner Berufstätigkeit konnte ich mich intensiver um Antworten und Klärung bemühen. Ich bin geschieden, habe aus zwei Ehen fünf Kinder und war daher vor dem ›Ruhestand‹ kaum in der Lage, Forschungen zu den grundsätzlichen Fragen des Lebens anzustellen. Die Antworten, die ich fand, waren für mich ebenso überraschend, wie sie wohl für manchen Leser sein dürften. Aber sie haben mein Leben verändert: in der Haltung gegenüber meinen Mitmenschen und der gesamten Schöpfung, einschließlich Leben und Tod, wurde aus lange währender Unsicherheit schließlich Sicherheit. Diese Sicherheit mögen auch meine Leser erreichen, damit sie sich von den überholten Auffassungen ihrer Konfession lösen können, um endlich selbstverantwortlich zu werden, um den Sinn ihres Daseins zu erkennen und die Freude zu erleben, diesen Sinn auch zu leben.«

Helmut Soeder

Ich und das Universum

•

Warum bin ich auf der Welt?

K. Fischer Verlag · Aachen

Die Deutsche Bibliothek – CIP-Einheitsaufnahme

Soeder, Helmut:
Ich und das Universum : warum
bin ich auf der Welt? / Helmut Soeder. –
Orig.-Ausg., 1. Aufl. – Aachen : Fischer, 1996
ISBN 3-89514-070-8

Kreuzstraße 24, D-52080 Aachen
Originalausgabe
1. Auflage

Umschlag- und Gesamtgestaltung: yen-ka
Printed in Germany 1996

ISBN 3-89514-070-8

INHALT

VORWORT

Weitab vom Mittelpunkt des unermeßlich großen Universums befindet sich eine Galaxie – eine von über hundert Milliarden weiteren Galaxien. Und ziemlich am Rande dieser Galaxie befindet sich, unter mehr als hundert Milliarden weiteren Sonnensystemen eines, dessen Sonne von neun Planeten umkreist wird, von denen einer unsere Erde ist.

Noch bis vor wenigen Jahrhunderten glaubten die Menschen, die Erde sei der Mittelpunkt des Weltalls, »die Welt« schlechthin, und sie wären die einzigen intelligenten Lebewesen, die es gibt. Aber aus der inzwischen erkannten Größe des Weltalls folgt zwingend, daß dies nicht der Fall sein kann. Wenn von jeweils einer Milliarde Sonnen nur eine einzige von einem Planeten umkreist wird, der mit unserer Erde vergleichbar ist und somit optimale Lebensmöglichkeiten bietet, so könnte sich Leben wie bei uns noch in weiteren zehntausend Milliarden Sonnensystemen entwickelt haben.

Diese Wahrscheinlichkeitsrechnung veranlaßt heutige Astronomen, mit aufwendiger Technik nach Botschaften ferner Intelligenzen ins All zu lauschen. Es sind die unermeßlichen Entfernungen, die diese Bemühungen so schwierig machen. Einstmals aber werden sie zum Erfolg, zum Kontakt mit fernem Leben führen.

Wie sind wir geistig auf ein Gespräch mit kosmischen Nachbarn vorbereitet? Mit welcher Weltanschauung wollen wir ihnen begegnen? Wie sie noch immer in den Schulen im Konfessionsunterricht gelehrt wird? Wollen wir ihnen von Adam und Eva erzählen, von einer »sündigen«, einer »gefallenen« Welt? Von einem Gott, der belohnt und bestraft und den die Gläubigen im täglichen Gebet anflehen, sie nicht in Versuchung zu führen? Von einem Gott, der durch eine Menschenfrau geboren wurde und durch »Wundertaten« die Naturgesetze (seine eigenen) entmachtet?

Für immer weniger Menschen bieten die Konfessionen noch ein glaubwürdiges Weltbild. Sie bestätigen nicht unsere Lebenserfahrung. Alltag und Kirchenwelt wurden sich fremd. Technik bestimmt heute unser Leben. Technik, das ist die konsequente Anwendung erkannter Naturgesetze und somit das Gegenteil von Dogmen, die auf Magie beruhen.

Technik aber kann so wenig einen Sinn bieten wie Wunderglaube. Allein gelassen, mündet Technik in Materialismus, Ausbeutung und Vereinzelung, wie wir mit wachsendem Erschrecken feststellen. Die Konfessionen haben noch große wirtschaftliche und politische Macht, ihre Lehre aber kaum noch Einfluß auf die Leitlinien der Lebensführung.

Wir fragen nach dem Sinn unseres Wollens, Handelns und Daseins. Wo immer diese Frage auftaucht, wird ihre überzeugende Beantwortung existentiell notwendig. Ein Leben ohne Sinn wird zur unerträglichen Qual, wie jeder Fall von Selbsttötung zeigt.

Wen aber können wir fragen, weshalb wir da sind? Wir haben uns nicht selbst in diese Welt gestellt. Wir wurden nicht gefragt, ob und wo wir von welchen Eltern geboren werden wollten. Fragen wir also die Kraft, die uns gewollt und geschaffen hat. Das ist die Natur, die mittels Zufall und Gesetzmäßigkeit in Jahrmilliarden schuf, was heute ist. Aus einfachstem Beginn, aus »toter« Materie schuf sie in oft vergeblichen Versuchen das Leben, wie es heute in einem Wesen gipfelt, das mit aufdämmerndem Bewußtsein begonnen hat, diese Evolution zu begreifen. Naturwissenschaftliche Forschung führte zu diesen Erkenntnissen, die eine großartige Zielstrebigkeit als Antrieb der Entwicklung erkennen lassen. Ihr Ziel wird erkennbar, aber auch, wie fern es noch ist und wie wir mithelfen können an seiner Verwirklichung. Begriffe wie »Freiheit«, »Gewissen« und »Liebe« erhalten erst aus dieser Sicht ihren eindeutigen Sinn, wie auch unser menschliches Streben und Leben.

WELTANSCHAUUNG UND NATURWISSENSCHAFT

Weltanschauung ist die Summe unserer Schlußfolgerungen aus den Informationen, die uns die Sinnesorgane über die Umwelt liefern. Die ständigen Informationen, die unser Gehirn erreichen, werden dort zu einem ganzheitlichen Bild verarbeitet. Dadurch entsteht in unserem Gehirn ein Abbild der Umwelt. Dieses wird um so zutreffender sein, je vollständiger unsere Informationen sind. Doch nur ein kleines Spektrum erfassen wir mit unseren Sinnen. So gibt es viel mehr Wellenbereiche der elektromagnetischen Strahlung, die wir nicht wahrnehmen, als jenes schmale Wellenband, das wir sehen oder als Wärme fühlen. Für Ultraschall etwa, womit sich Fledermäuse orientieren, haben wir kein Empfangsorgan.

So ist es ganz unvermeidlich, daß unser Bild von der Umwelt, von »der« Welt stets unvollständig ist. Erfreulicherweise aber genügt für eine zutreffende Feststellung über die Umwelt schon eine recht geringe Anzahl von Informationen, so für die Erkenntnis, daß es eine Sonne gibt, die sehr weit entfernt sein muß.

Weil schon unsere Vorfahren genau wissen wollten, in welcher Umwelt wir leben, entwickelten sie die Naturwissenschaften und technische Hilfsmittel wie Fernrohr und Mikroskop, wodurch die Leistungsfähigkeit unserer Sinne unermeßlich gesteigert wird. Die so gewonnenen Detailerkenntnisse werden im wissenschaftlichen Forschen miteinander verknüpft und die gefundenen Ergebnisse durch andere Forschungen hinterfragt und überprüft. So können wir heute das Magnetfeld eines Atoms für Abbildungen eines Hirntumors nutzen und gezielte Eingriffe in das Erbgut eines Lebewesens vornehmen. Unser heutiges Weltbild kann auf viel mehr und viel zuverlässigere Stützen aufgebaut werden als vor über 2000 Jahren, als die Grundlagen aller Konfessionen gelegt wurden.

Je zutreffender unser Weltbild wird, um so zutreffender und objektiver können die Schlußfolgerungen daraus, unser Denken werden, vor allem auch, weil immer mehr Einzelerkenntnisse miteinander verknüpft werden können. Und die Ergebnisse werden im gezielten Experiment überprüft. So mußte der erste künstliche Satellit, der »Sputnik«, auch den letzten Zweifler überzeugen, daß unsere Erde eine Kugel ist und nicht eine Scheibe oder, wie in einem Buch noch um das Jahr 1940 herum behauptet wurde, eine Hohlkugel, die nur scheinbar nach unten gekrümmt sei.

Unser Daseinsgefühl wird durch das jeweilige Weltbild bestimmt. Wie gegensätzlich muß es sein, je nachdem ob man sich in einer Hohlkugel von 12.700 Kilometer Durchmesser eingeschlossen glaubt (da könnte man Klaustrophobie bekommen, wie in einem engen Fahrstuhl), oder ob wir uns als Bewohner eines unermeßlich großen Universums verstehen. Aber nicht nur den Sternenhimmel schauen wir heute mit ganz anderem Wissen an, sondern alles, was uns umgibt. Wenn wir das konfessionelle Weltbild mit der Gegenwart vergleichen, müssen wir uns da nicht fragen, ob wir in weiteren 2000 Jahren wiederum ein ganz unterschiedliches Weltbild und Daseinsgefühl haben werden? Die Frage kann eindeutig beantwortet werden: Wenn wir die Prinzipien der Evolution zur Grundlage unserer Weltanschauung machen, dann kann sie niemals mehr geändert, sondern nur noch ergänzt werden.

Die Sumerer und Babylonier sahen vor Jahrtausenden die Erde als eine Scheibe an. Unter ihr befand sich das Reich der Toten und Dämonen, über ihr wölbte sich der Himmel wie ein Glocke. Noch heute sprechen wir vom »Himmelsgewölbe«. Dieses Weltbild galt bis etwa 250 Jahre vor unserer Zeitrechnung. Damals erkannte Aristarchos von Samos als erster, daß die Erde keine Scheibe, sondern eine Kugel ist, und daß sie – ungeheuerliche Behauptung – nicht der Mittelpunkt der Welt ist, sondern daß sie sich zusammen mit den Planeten um die Sonne dreht. 400 Jahre danach fiel Ptolomäus, ein Astronom in Alexandrien, hinter dieses Wissen zurück und sah die Erde wieder als den Mittelpunkt der Welt an. Aus diesem Weltbild stammt die noch immer gebräuchliche Rede vom Auf- und Untergang der Sonne, so, als würde sie sich um die Erde drehen.

In die Neuzeit führte uns Giordano Bruno (1548-1600), ein Zeitgenosse von Kepler und Galilei. Er entdeckte, daß unsere Sonne keineswegs der Mittelpunkt des Weltalls ist, sondern daß unser Planetensystem nur eines von ungezählten vielen ist. Bruno erkannte als erster Mensch die Größe des Weltalls. Sieben Jahre lang widerstand er daraufhin als Gefangener der Inquisition den endlosen Verhören, widerrief nicht und wurde deswegen 1600 in Rom auf dem Scheiterhaufen verbrannt – von einer Kirche, die sich noch immer die »Alleinseligmachende« nennt. Seine geistige Schau, sein Festhalten an der erkannten Wahrheit selbst in der Folter und angesichts des Feuertodes weist ihn als einen der Größten aus, die je gelebt haben. Die Erkenntnisse von Bruno sind inzwischen vielfach bestätigt. Ohne sie gäbe es keine Weltraumfahrt. Solange es Menschen geben wird, wird ihr Weltbild auf den Erkenntnissen von Bruno aufbauen.

Wie zählebig aber veraltete Vorstellungen sein können, erfährt jedes Kind im Konfessionsunterricht. Hier wird die Bibel gelehrt, gemäß deren Wissensstand, daß Gott die Welt in sechs Tagen erschaffen habe. Diese Annahme ist die zweite Stütze jeder Konfession, die endgültig widerlegt ist. Herder, Goethe und Kant ahnten schon den gemeinsamen Ursprung aller Lebewesen, Lamarck (1744-1829) formulierte ihn klarer, und Charles Darwin schließlich führte ihn zur allgemeinen Anerkennung. Der gemeinsame Ursprung aller Lebewesen und die lange Dauer ihrer Entwicklung wurden nun auch von der Genforschung bestätigt. Inzwischen wissen wir, daß nicht nur die belebte, sondern auch die unbelebte, die anorganische Schöpfung evolutioniert, daß sich alles aus dem Wasserstoff, dem leichtesten aller Gase, entwickelt hat.

Es kann überhaupt keinen Zweifel geben, daß ein Weltbild, das auf wissenschaftlich gesicherten Erkenntnissen beruht, in seiner Grundlage nicht mehr geändert werden wird. Niemals mehr wird man annehmen, daß sich die Sonne um die Erde dreht oder daß die Erde »die Welt« sei und nur auf ihr intelligente Wesen leben. Niemals mehr wird ein statisches Weltbild gelten, wonach die Welt in wenigen Tagen als fertiges Gebilde erschaffen worden sei. Diese Annahmen, auf denen das Christentum beruht, sind für alle folgenden Generationen überholt. Sie werden ihr Weltbild auf die erkannte Größe des Alls gründen, und auf die Evolution, die nun etwas näher skizziert werden soll.

DIE EVOLUTION DER SCHÖPFUNG

Wo immer sich die geringste Möglichkeit für Leben zeigt, wird sie realisiert, sei es im kochenden Wasser der Geysire, in dem Blaualgen leben und sich vermehren, sei es in der ewigen Finsternis der Tiefsee oder im Wüstensand, der sich von der Nachtkälte bis zur Mittagszeit um nahezu 100 Grad erwärmt. Je weniger komfortabel die Umweltbedingungen, um so einfacher die Struktur des Lebens, das dort noch existieren kann. Hochentwickelte Lebensformen wie Säugetiere benötigen den anspruchsvollsten Lebensraum, wie ihn geschützte Gebiete der Erdoberfläche bieten. Leben sucht sich zu realisieren, wo immer dies möglich ist, und paßt seine Formen den Möglichkeiten optimal an. So entsteht die Vielfalt des Lebendigen, die Voraussetzung allen höheren Lebens ist. Die Tiere nähren sich von anderen Tieren und Pflanzen, und die Pflanzen wären ohne Tierwelt längst erstickt. Alles Lebendige stützt sich gegenseitig.

Welche Voraussetzungen das Leben zu seiner Entstehung vorfand und wie es sich zu immer komplexeren, leistungsfähigeren Strukturen entwickelte, sei hier gleichsam in Stichworten in seinen wichtigsten Etappen angedeutet, die alle in vielen hervorragenden Werken ausführlich beschrieben und begründet wurden. Die kurzgefaßte Skizze von dem, was sich in Jahrmilliarden bildete, soll denselben Effekt haben wie die Zeitrafferaufnahme einer Wolkenbildung oder der Entwicklung einer Pflanze aus ihrer Knospe.

Alles begann mit dem Wasserstoff, der anfangs allein das Universum ausfüllte. Ob diesem möglicherweise noch kleinere Energie-Quanten vorausgingen, ist für unsere Betrachtung ohne Bedeutung. Seine gegenseitige Anziehung führte zu Zusammenballungen bis zu Sterngeburten. Über viele Sterngeburten und -tode (Supernovae) wurden aus diesem Rohmaterial allmählich immer schwerere Atome zusammengeschmolzen, bis alle 92 Atomarten geschaffen waren, die heute die materielle Welt bilden und aus denen sich auch unser Körper aufbaut. Unvorstellbar viel mußte in unvorstellbar langen Zeiträumen an atomarer Aktivität entfaltet werden, um unter vielen anderen auch unseren zunächst noch glühend heißen Erdball entstehen zu lassen, und bis sich dieser weiter durch Abstrahlung von Wärme ins All soweit abgekühlt hatte, daß sich eine feste Oberfläche bilden konnte. Eine viel heftigere Vulkantätigkeit als heute schleuderte Unmengen an heißen Gasen und Wasserdampf heraus, die dann die Uratmosphäre bildeten – für heutiges Leben ein tödliches Gasgemisch ohne jeden Sauerstoff. Allmählich kühlte die Lufthülle ab, der Wasserdampf kondensierte und regnete in schier endlosen Sturzbächen die Weltmeere zusammen. Am nachtschwarzen Himmel tobten gigantische Gewitter. Ihre Blitze fuhren ins Meer und zwangen die im Wasser gelösten schwefel- und stickstoffhaltigen Gase zu größeren und immer größeren Molekülen zusammen, die dann ihrerseits wieder mit anderen Großmolekülen reagierten und so die ersten primitiven Einzeller schufen. Einzeller fanden Kontakt mit anderen Einzellern und bildeten erste Organismen. Durch die geniale Erfindung des genetischen Codes konnte für alle Zukunft erhalten bleiben, was die Natur bis dahin erreicht hatte, ohne daß dies immer wieder von neuem erfunden werden mußte.

Irgendwann war die Erdatmosphäre so weit abgeregnet, daß Sonnenlicht durchkam. Ein kluger Schachzug der Natur war die Erfindung der Photosynthese, die Verwendung der Sonnenenergie zum Aufbau organischer Substanz aus Wasser, Salzen und Kohlensäure.

Gleichsam als Abfallprodukt entstand dabei Sauerstoff in immer dichterer Konzentration, bis diese für die weitere Lebensfähigkeit der Pflanzen gefährlich wurde. Sie drohten an ihren Ausscheidungen zu ersticken. Doch rechtzeitig entstand eine höhere Ordnung von Leben, die ersten Meerestiere, die nun ihrerseits diesen Sauerstoff benötigten und Kohlensäure als Abfallprodukt ausschieden. So bildete sich allmählich das atmosphärische Gleichgewicht zwischen Kohlensäure und Sauerstoff, in dem sowohl die Pflanzen als auch die Tiere leben können.

Eine Vorbedingung für die Weiterentwicklung von Leben war somit gegeben. Größere Organismen brauchten Stabilität und Schutz und entdeckten die harte Schale. Beweglichkeit aber war nötig, um an Nahrung zu kommen und zur Flucht vor Feinden. Diese Schale, zunächst eine langgestreckte Röhre, die von Ammoniten und später von Schnecken aufgerollt wurde, konnte im Schuppenpanzer der Fische und Echsen weiter verbessert und in der völligen Hereinnahme ins Innere als Skelett der Wirbeltiere optimiert werden.

Viele großartige Erfindungen waren nötig, bis Lebewesen vor 350 Millionen Jahren das Wasser verlassen konnten, wo Schwerelosigkeit herrschte. An Land sind Pflanzen und Tiere voll der Schwerkraft unterworfen. Die Tiere mußten auch das Meer mit herausnehmen, das sie genährt hatte. Sie verlegten es nach innen, weshalb Blut denselben Salzgehalt hat. Im Vergleich zur unendlichen Wassermenge des Meeres war das Blut rasch mit Abfallstoffen überlastet. Reinigungs- und Filtersysteme, wie die Nieren, wurden erfunden. Viele weitere Erfindungen waren nötig, um das Leben voranzutreiben, so die von der Außentemperatur unabhängige Regulierung der Warmblüter. Die Raffinesse dieser Erfindungen übertrifft alle unsere Hightech-Regelungen unvergleichlich. Und ohne Erfindung des Nervensystems wäre die Evolution längst zum Stillstand gekommen.

Mit dem Erscheinen der Hominiden, unserer Vorfahren, war die geologische und die biologische Evolution zu einem gewissen Abschluß gekommen. Diese Entwicklung dauerte etwa 20 Milliarden Jahre. Dreiviertel dieser langen Zeitspanne waren erforderlich, bis unser Sonnensystem entstehen konnte, mitsamt unserer Erde, die vor viereinhalb bis fünf Milliarden Jahren entstand.

Der Übergang vom Säugetier zum Menschen vor etwa zwei Millionen Jahren ist der Beginn der Evolution des Bewußtseins, in welcher wir noch sehr am Anfang stehen. Genaugenommen begann sie aber bereits mit den allerersten Lebewesen, den Einzellern im Urmeer. Diese wurden schon durch Reize gesteuert. Der Reiz ist auch für die Bewegung der Pflanzen zuständig, für die Richtung ihres Wachstums und ihr Hinwenden zum Licht. Aus dem Reiz entwickelte sich die Wahrnehmung, und hieraus das Gefühl, womit nun alle Steuerungsmechanismen der Tierwelt gegeben sind. Sie lebt noch unbewußt.

Die geologische Evolution dürfen wir als abgeschlossen ansehen. Wo immer auch künftig in weiteren Sterntoden neue Atome aus einfacheren zusammengezwungen werden, sie können nicht mehr neu sein, es gibt sie längst in ausreichender Menge im ganzen Weltall. Entsprechend ist auch die biologische Evolution an ihrem Ziel. Neue Tierarten können nicht mehr entstehen – jedenfalls nicht auf der Erde. Alle Arten sind mittlerweile ausspezialisiert und somit nicht mehr fähig zur Weiterentwicklung (nur noch zu anpassenden Korrekturen an veränderte Umweltbedingungen). Eine wunderbare Fülle von Leben ist entstanden, eine optimal gelungene Schöpfung, einzig und allein aus dem Wasserstoffatom und seiner Vielzahl. Alles, was wurde und noch werden wird, ist im Wasserstoffatom als Möglichkeit angelegt.

Evolution heißt Entwicklung, Fortbewegung auf ein Ziel hin. Daß wir Heutigen dieses Ziel erkennen können, verdanken wir der Kenntnis von der Entwicklung der unbelebten und der belebten Natur, die uns die Wissenschaften bieten: die Astronomie, Biologie, Chemie, Physik und andere Zweige, die wir die Naturwissenschaften nennen. Doch ist letztlich jede Wissenschaft, auch die Hermeneutik, Kybernetik, Paläontologie usw. der Natur entnommen und damit eine »Naturwissenschaft«. Man kann sie alle ebenso gut auch die »Wissenschaften von der Schöpfung« nennen.

Nun befinden wir uns in der dritten und vielleicht letzten Evolutionsstufe, in der es um die Entwicklung des Bewußtseins geht.

TRENNUNG VON NATUR UND WELTBILD

Das Aufdämmern von Bewußtsein vollzog sich in Zehntausenden von Menschheitsgenerationen. Durch Archäologie, Sprachforschung und andere Wissenschaften können wir uns hiervon ein Bild rekonstruieren. Genauere Kenntnisse haben wir erst aus jener Vergangenheit, als die Menschen begannen, Höhlen zu bewohnen. Seit Anbeginn waren Denken und Forschen auf die Naturgewalten gerichtet, denen man sich ausgeliefert sah.

Als die Menschen noch Höhlen bewohnten, wurden Frauen auch zu Seherinnen und Prophetinnen. Sie waren für Glück und Erfolg ihrer Gruppe verantwortlich. Damals und in der langen Epoche als Jäger und Sammler lebten die Menschen im Matriarchat. Die Frau schenkte das Leben, und die ersten Jahre war das Kind weit mehr von der Mutter abhängig als vom Vater. Das Sammeln war Aufgabe der Frau, die Jagd die des Mannes, was ihn noch mehr aus dem Zentrum der Gruppe an die Peripherie verwies. So gab es nur Priesterinnen, und sie pflegten ausschließlich mit weiblichen Gottheiten Kontakt.

Die ältesten Höhlenbilder sind einfache Zeichen, vorwiegend das auf der Spitze stehende Dreieck. Ein Punkt in der Mitte oder ein Strich in der unteren Hälfte lassen keine Zweifel, daß es sich um das »Schamdreieck«, die Vulva handelt. Es waren jedoch keine Symbole der Sexualität oder, wie schon behauptet wurde, steinzeitliche Pornographie. Denn es gibt noch keine Darstellungen des Phallus, obwohl die harte Meißelarbeit nur von Männern ausgeführt worden sein konnte. Die Vulva ist der Ursprung allen Lebens, ihre Darstellung kultische Verehrung.

Als sich unsere Vorfahren vor 14-12000 Jahren dem Ackerbau zuwandten, sahen sich die Menschen nun vollends den Naturgewalten ausgeliefert. In ihrer Lebensmöglichkeit waren sie abhängig von Jahreszeit und Witterung. Wenn es zu viel oder zu wenig regnete, bedeutete dies Hunger und Not.

Die Kräfte, von denen sie sich vor allem abhängig sahen, kamen von oben, vom Himmel. Sie waren unberechenbar wie etwa benachbarte Völker, von denen sie zu jeder Zeit überfallen werden konnten. Wie sie diese aber oft mit Geschenken zufriedenstellen und so die Not abwenden konnten, mußte es auch mit den Mächten oben im Himmel möglich sein. Wenn Gefahr drohte, wenn der Himmel schwarz wurde, Blitze zuckten und es fürchterlich donnerte, oder wenn lange Dürre herrschte, dann mußten Geschenke dargebracht werden. Weil diese aber nicht von oben abgeholt wurden, schickte man sie hinauf im Rauch der Opferfeuer. Die Geschichte von Kain und Abel ist hierfür ein Beispiel. Stieg der Rauch – bei Windstille – senkrecht empor, dann war die Gabe gnädig angenommen.

Unheil konnte jederzeit drohen, daher mußten Vorräte an Opfergaben bereitgehalten werden. Die Feuersglut durfte nicht ausgehen, damit sie jederzeit wieder angefacht werden konnte, wenn Gefahr drohte. Das erforderte Geschick und Umsicht dessen, der mit dieser Aufgabe betraut war. Von anderer Arbeit war er wegen der Wichtigkeit seines Amtes befreit. Die anderen brachten ihm, was er brauchte, und wohl auch noch mehr. Weil sich dieser so Bevorzugte nur mit der Götterwelt befaßte, genoß er hohes Ansehen. Der Beruf des Priesters war entstanden. Sein Werdegang war ganz verschieden von dem der Priesterin, die stets ihre Nähe zur Mutterschaft lebte. Das männliche Priestertum drängte sich gemäß seinem Werdegang zwischen Mensch und Gott, damals wie heute, und verkam schon frühzeitig zum reinen Machtstreben. Die Priesterschaft nennt sich selbst »Geistliche«, das heißt, die »Frommen«, die dem auserwählten Stande angehören. Sie unterschieden sich selbst von den »Laien« (griech. *laikos* = zum Volk gehörig).

Bis kurz vor unserer Zeitrechnung sah man unsere Erde so, wie sie sich unseren Augen darbietet: als Scheibe. Zwangsläufig folgte hieraus die Vorstellung von einer überirdischen Macht. Auch wir Heutigen fürchten uns noch vor Gewitter und Sturm, vor Naturkräften, die »von oben« kommen. Doch auch aus der Gegenrichtung drohten Unheil und Tod, von unten, wenn Meereswellen die Fischerboote verschlangen, wenn ein Vulkan seinen »Höllenschlund« öffnete und sein Auswurf für Tage oder Wochen den Himmel verdunkelte, woraufhin es eiskalt wurde, während glühende Lavaströme ihre Todesschneisen zogen. Atlantis und Kreta wurden auf diese Weise ausgelöscht.

Vor 3800 Jahren entstand das GILGAMESCH-EPOS. Es schildert die Folgen eines gigantischen Vulkanausbruchs, und das in erstaunlicher Exaktheit lediglich als Naturkatastrophe, ohne jegliche personale Bestrafungsabsicht. Erst viel später entstand hieraus die Sintflut-Sage, worin Gott die Menschen für ihren Abfall bestrafte. Das GILGAMESCH-EPOS entstand gegen Ende einer Menschheitsepoche, in der sich der einzelne noch ganz in die Natur eingebunden erlebte und sich als Teil von ihr verstand. Es ist eine objektive, zudem mit wunderbarer Dichtkunst beschriebene Darstellung einer Vulkaneruption, die einer der wenigen Überlebenden schildert, obwohl er ihre Ursache nicht kennt:

»Es kam die Zeit, da ließen die Herrscher der Finsternis einen furchtbaren Regen niedergehen. Ich sah mir das Wetter an. Das Wetter war fürchterlich anzusehen. Als der Morgen erschien, stiegen rabenschwarze Wolken auf. Alle bösen Geister wüteten, alle Helligkeit war verwandelt in Finsternis.

Es brauste der Südsturm, die Wasser brausten dahin, die Wasser erreichten schon die Gebirge, die Wasser fielen über alle Leute [...].

Sechs Tage und sechs Nächte lang rauschte der Regen wie Sturzbäche. Am siebenten Tage ließ die Sturmflut nach. Es war eine Stille wie nach einer Schlacht. Das Meer wurde ruhig, und der Sturm des Unheils war still. Ich blickte aus nach dem Wetter, da war es gar stille geworden. Alle Menschen waren zu Schlamm geworden. Ein ödes Einerlei war der Boden der Erde [...]. So berichtet Utnapitschim, den die Sumerer Noah nannten, einen Urahn des Gilgamesch.«

Auf diesem Bericht beruht die Sintflut-Sage. Sie zeigt einen erstmaligen, erstaunlichen Sprung in der bisher so folgerichtigen Entwicklung einer Weltsicht. Bis dahin war die Naturbeobachtung Fundament aller Weltsicht. Nun aber, mit dem jüdisch-christlichen Weltverständnis, erfolgt erstmals eine Abkehr von der Natur.

Machen wir uns noch einmal bewußt, daß alle unsere Fähigkeiten, soweit sie die tierische Ebene übersteigen, auf Naturbeobachtung beruhen. Vielleicht hat ein scharfkantiger Stein einen Fuß verletzt, was zum Anlaß wurde, daß erstmals Steine zurechtgeschlagen wurden, um Hilfsmittel zum Schneiden zu erhalten. So wurde auch der Vogelflügel zum Vorbild der Tragflächen. Immer und bis heute ist die Natur Vorbild für unsere Denkweise. Das galt bis in die Anfänge der mosaischen Zeit. Doch dann erfolgte diese verhängnisvolle Trennung von Natur und Weltsicht, die bis heute anhält. Der Glaube wird über das Wissen gestellt. Fortan wurden alle Naturforscher, die neue Erkenntnisse öffentlich machen wollten, von der Kirche mit Feuer und Schwert verfolgt, wenn ihre Erkenntnisse nicht dem Glaubensbild entsprachen. Nicht die Wahrheit, sondern der Glaube galt und gilt noch immer.

Nun brach die Sintflut nicht als Naturereignis, sondern als Strafe über die Menschen herein, und sogar über alle übrige lebendige Schöpfung. Offenbar hatte der Lebenswandel der damaligen Menschen Gott mißfallen. Er ersäufte in einer riesigen Flutwelle alle seine eigenen Geschöpfe, nur die Familie des Noah und einige wenige Tiere wurden verschont, als Belohnung für Wohlverhalten. Ungeachtet dessen war zuvor schon auf irgendeine Weise verfügt worden, daß jeder Mensch, wann immer er geboren wurde oder noch bis in fernste Zeiten geboren werden wird, sich gegen Gott versündigen wird. Es mag einer tun und lassen, was immer er will, er ist mit dem Fluch der Erbsünde belastet (welch eine Sippenhaft für das ganze Menschengeschlecht!). Alle Zeugung von Menschenleben ist hinfort »befleckt«. Ein Weltbild, das sich derart in Opposition zur Natur befindet, bietet auch Raum für einen Menschen wie Jesus, der auf dem Meer gehen konnte, als sei es feste Straße. Mehr und mehr gehören »Wunder« zum neuen, dem konfessionellen Weltbild.

WUNDER

Unsere Sprache gebrauchte das Wort »Wunder« ursprünglich im Sinne von »großartig«, »erstaunlich«. So sprechen wir von einem wundervollen Kunstwerk. Oder betrachten wir die Architektur und die Innenraumgestaltung eines Termitenbaus, der bis zu sieben Meter über und mehrere Meter unter die Erde reichen kann. Über ein solches »Wunder« können wir staunen, nicht nur wegen der gewaltigen Dimensionen, sondern auch wegen der Bauweise, die Temperaturregelung und Belüftung gewährleistet. Sie ermöglicht, unabhängig von der Außentemperatur, im Inneren eine gleichbleibende, optimale Wärme, eine wunderbare Leistung der winzigen Baumeister. Wollten wir im Vergleich zu deren Körpergröße ähnlich bauen, so müßten unsere Häuser über einen Kilometer hoch aufragen und Keller von 400 Metern Tiefe aufweisen.

Die Naturgesetze führen in ihrer Anwendung zu den wundervollsten Ergebnissen. Das gilt für die unbelebte Natur wie die Konstruktion der Atome, der Himmelskörper oder etwa der Kristalle ebenso wie für die Welt der Pflanzen und Tiere. Eine weitere Dimension an wundervollen Leistungen vollbrachte die Menschheit durch ihr Bewußtsein, wobei nur an die Pyramiden oder die fugenlosen Mauergiganten der Inkas wie auch an einen modernen Computer erinnert sei. Wie auch immer wir die Natur betrachten, sie ist voller Wunder, die uns immer wieder in Erstaunen versetzen.

Und ist es nicht auch wundervoll, daß wir heute fliegen können?

Im Jahre 1895 traf der angesehene britische Physiker, Lord Kelvin, die Feststellung: »Flugmaschinen, die schwerer als Luft sind, kann es nicht geben.« Niemals wird sich ein Mensch wie ein Vogel in die Lüfte schwingen können. Doch er ersann Hilfsmittel, die es möglich machten, zu fliegen wie die Vögel, und das ohne jegliche Änderung oder Aufhebung von Naturgesetzen, sondern im Gegenteil durch ihre geschickte Anwendung und Nutzung. Bei keinem Flugpassagier sind die Gesetze der Schwerkraft unwirksam geworden. Trotzdem konnte der uralte Menschheitstraum, fliegen zu können wie die Vögel, erfüllt werden, und das sogar noch viel besser. Wir fliegen viel schneller, weiter, höher und wohl auch bequemer.

In einem ganz anderen Sinne verstehen die Konfessionen ein »Wunder«. Sie werten ab, was die Natur mit ihren Gesetzen geschaffen hat und zu schaffen ermöglicht. Dort heißt Wunder: die Außerkraftsetzung von Naturgesetzen. Den Gläubigen genügen die Wunder der Natur nicht, sie brauchen zu ihrer Erbauung die Ohnmacht der Natur. Ein solcher Wunderglaube ist die Grundlage jeglicher Konfession. Er ist eine Flucht vor dem Leben, eine Abwertung der Schöpfung und des Schöpfers, somit im eigentlichen Sinne eine »Gotteslästerung«.

Wer sich beispielsweise an dem Gedanken erbauen kann, daß Maria ohne Berührung durch einen Mann schwanger wurde und dadurch ein besonders wertvolles Wesen gebar, der wird die natürliche Zeugung im besten Falle noch als zweitklassig empfinden und damit auch alles, was auf diese Weise entstanden ist. Wie beruhigend ist es da zu wissen, daß niemals die Naturgesetze außer Kraft gesetzt werden können und daß aller Glaube an solche »Wunder« längst überholte Magie ist. Gibt es doch nichts Wundervolleres als das natürliche, das naturgesetzliche Geschehen, wie es vom Schöpfer in Gang gesetzt wurde.

Viele christliche Gebräuche und Symbole entstammen der Magie.

Katholiken bekreuzigen sich beim Betreten einer Kirche mit den Fingern, die sie zuvor mit Weihwasser benetzten. Das sind zwei magische Beschwörungen in einer Handlung: Dem Kreuz wird die Macht zugeschrieben, Böses abzuwenden, und dem Weihwasser ebenso. Die Gläubigen messen solchen magische Handlungen die gleiche Wirkung zu, wie man es vor 10-15.000 Jahren mit der Opferung eines Menschen oder Tieres tat. Magie ist das Geschäft der Priester – vor Jahrtausenden wie heute. Beispielhaft ist auch der Exorzismus (aus dem Griech.; = Beschwörung), wobei Besessenen der Teufel ausgetrieben wird. Und wie lange noch werden Gläubige mit der Hostie symbolisch den Leib ihres Herrn essen und der Priester mit dem Wein sein Blut trinken? Die hierbei gesprochenen Worte *»hoc est corpus [...]«* nennt der Volksmund »Hokuspokus«, das ist Zauberei. Daß noch heute solche Zauberei, solche Magie ausgeübt wird, ist zwar kein Wunder, aber man muß sich wundern.

WELTANSCHAUUNG UND GESELLSCHAFT

Das antike und noch immer herrschende Weltbild mit einem Gott, der zu fürchten ist, wo Gottesfürchtigkeit gar als Tugend gilt, und mit der Lebensunsicherheit, die Glaubenssätze bieten, das muß für die menschliche Gesellschaft in ganz besonderer Weise prägend sein. Umgekehrt spiegelt das Verhalten der Gesellschaft deren Weltbild. Wo es letztlich um das persönliche Wohlergehen, jetzt und im Jenseits, geht, da wird Egoismus um so mehr zur vorherrschenden Motivation werden, je enger der Lebensraum wird. Schon sprechen wir von der »Ellenbogengesellschaft«, in der die Reichen immer reicher und diejenigen, die ihre Ellenbogen nicht so brutal zu benutzen wissen, immer ärmer werden. Die Begriffe »Naturschutz«, »Umweltschutz« und »Tierschutz« werden von immer größerer Dringlichkeit. Machen wir uns denn klar, wovor die Natur, die Tiere zu schützen sind? Vor Menschen, vor uns selbst! Täglich erfahren wir aus Zeitung und Fernsehen, wie unsere Gesellschaft mehr und mehr zerfällt in eine Ansammlung von Egoisten, die nehmen, was sich nur irgend bietet. Neben Berichten von Bestechungsaffären in Politik, Verwaltung und Wirtschaft, neben immer mehr Kriminalität stehen Vernichtungskriege gegen Bevölkerungsgruppen im Vordergrund des Geschehens. Kaum noch jemand glaubt, daß diese Verhältnisse mit der Zeit besser werden können. Wir sollten daraus endlich Folgerungen ziehen.

Der berühmte Ausspruch des Preußenkönigs Friedrich II., wonach jeder nach seiner Fasson selig werden solle, kann heute nur noch mit Einschränkungen gelten. Es ist nicht mehr nur die Sache des einzelnen, ob er viel Energie verbraucht, schädliche Abfälle produziert, seinen Wald abholzt oder Lärm verursacht. Solche Feststellungen werden mittlerweile kaum noch Widerspruch hervorrufen. Anders wohl die These, daß auch das persönliche Weltbild, die Konfession, nicht mehr Privatsache sein kann. Wie viele Menschen verloren ihr Leben aus konfessionellen Gründen, wenn wir etwa an die Kreuzzüge oder die Hexenverfolgung denken. Doch nicht nur die Vergangenheit, sondern auch die Gegenwart ist gekennzeichnet durch Mord aus Glaubensgründen, wie in Nordirland zwischen Protestanten und Katholiken, in Jugoslawien zwischen Christen und Moslems, in Indien zwischen Hindus und Moslems, im Vorderen Orient zwischen Juden und Moslems, um nur einige Beispiele anzuführen.

Darüber hinaus ist die nötige Einschränkung des privaten Glaubens noch viel allgemeiner gemeint: wir können uns die Konfessionen nicht mehr leisten, wenn die Erde nicht ihre Lebensfähigkeit verlieren soll. Hierbei ist es gleichgültig, woran jemand glaubt, denn Glauben im konfessionellen Sinne ist Nicht-Wissen. Wir brauchen diesen Glauben nicht mehr, denn wir können heute wissen.

Von den jetzt lebenden fünfeinhalb Milliarden Menschen gibt es niemanden, ob Mann, Frau, Kind, Erwachsener oder Greis, ob weiß oder farbig, der nicht existentiell bedroht ist. Diese Bedrohung reicht vom direkten Angriff auf den Körper bis zur Nahrungsaufnahme. Oder die Bedrohung durch das wachsende Ozonloch! Wir Europäer können uns gegebenenfalls mit Sonnenschutzkleidung versehen, wie das schon für viele Australier obligatorisch ist. Wie aber sollen sich das Plankton im Meer und die übrige Pflanzenwelt vor dem Verbrennen schützen – unsere Quellen für Nahrung und Atmung? Diese fürchterlichste Bedrohung für die Pflanzen- und Tierwelt und alles menschliche Leben, die es je gab, wird durch den Menschen verursacht. Seit unser Sonnensystem existiert, ist dies ein Novum: daß eine Gattung von Lebewesen sich durch ihre Lebensweise selbst bedroht.

Es kann also mit der geistigen Orientierung der Menschen etwas nicht stimmen. Wie Menschen allenthalben ihresgleichen umbringen und welche gigantischen Arsenale an Massenvernichtungsmitteln sie entwickelt haben und wie die einen Völker die anderen ausbeuten, wie das auch innerhalb der Völker geschieht, ist ein schreckliches Anzeichen von schwerer geistiger Verirrung. Da müssen wir uns fragen, woher denn die menschlichen Bewohner dieser Erde ihre geistige Orientierung beziehen. Sofern sie einer Konfession angehören (und das ist die Mehrzahl), beziehen sie von dieser ihre Orientierung für ihr Verhalten. In unserem Raum haben wir es mit dem Christentum zu tun.

Die abendländischen, christlichen Völker sind es, welche die modernen Waffen und Massenvernichtungsmittel ersonnen, hergestellt und erstmals gegen Menschen angewandt haben. Das Schwarzpulver wurde zwar von Chinesen erfunden, sie verwandten es aber nur für Feuerwerk. Die Idee, dieses Pulver für Schußwaffen zu verwenden, entstand im Abendland. Die Schußwaffe – nicht der Geist – wurde für das Christentum das wirkungsvollste Mittel zur Ausbreitung seiner Macht. Ihre ökonomische Vorherrschaft über die Erde sicherte sich die Christenheit mit der Erfindung und Anwendung der Gewehre, Geschütze, Schlachtschiffe, Bomber, Raketen, der lasergesteuerten Zielfindung, der Atombombe, Napalm und der chemischen Waffen. Auch der Erfindung und Produktion von bakteriologischen Massenvernichtungsmitteln darf sie sich rühmen, auch wenn sie vor deren Anwendung bisher noch zurückschreckte.

Schon glauben zahlreiche Persönlichkeiten, Philosophen, Wissenschaftler, daß es keinen Ausweg mehr gibt aus diesem Dilemma. Sie sehen für uns dasselbe Schicksal voraus, das die Dinosaurier und viele andere Arten erlitten: das Aussterben. Während jedoch diese Lebewesen an veränderten Umweltbedingungen scheiterten, auf die sie selbst keinen Einfluß hatten, wären wir selbst Ursache für unseren Untergang. Doch so weit muß es nicht kommen.

RELIGION UND KONFESSION

Die Verwechslung von Begriffen hat in der Geschichte wohl nirgends solch schlimme Folgen gezeitigt wie der falsche Gebrauch des einen Wortes »Religion«. Das Wort stammt von dem lateinischen *religio* und bedeutet »Sorgfalt«, »Gewissen«, »Andacht«, »Frömmigkeit«. Kriege wurden geführt und viele Völker ausgerottet, weil die Andersgläubigen nicht die »richtige«, die christliche Religion hatten.

Dabei kann niemand die »richtige« Religion haben. Man kann auch keine unrichtige, falsche Religion haben. Hier wird das Wort verwechselt mit Konfession, zu deutsch »Bekenntnis«. Religionsunterricht, wie er in den Sonntagsschulen und den öffentlichen Schulen gelehrt wird, hieße richtig »Konfessionsunterricht«. Es gibt auch keine Religionsgemeinschaft (es sei denn, wir verstehen die ganze Menschheit hierunter), sondern eine Konfessionsgemeinschaft. Nie gab es Religionsfreiheit (da gäbe es nur krasse Egoisten), sondern Konfessionsfreiheit, und das ist die Freiheit des einzelnen, sich zu einer Konfession, einer Glaubensgemeinschaft seiner Wahl zu bekennen. Und alle Religionskriege der Geschichte waren in Wirklichkeit Konfessionskriege. In seiner meisterhaften Sprache weist Schiller mit einem Wortspiel auf diesen grundlegenden Unterschied hin: »Welche Religion ich bekenne? Keine von allen, die du mir nennst. Und warum keine? – Aus Religion!«

Der Mensch *hat* keine Religion, sondern er *ist* ein religiöses Wesen. Religion ist das Ahnen oder Wissen um das Lebensziel und unterscheidet sich von Mensch zu Mensch nicht nach seiner Qualität, sondern lediglich durch Intensität und Klarheit. Das Wort »Religion« kann keinen Plural und keinen Artikel haben, ohne daß daraus ein ganz anderer Sinn entsteht. Das ist ebenso wie bei »Geist«, einer universalen Kraft. »Der Geist« oder »die Geister« aber sind Spukgestalten. Religion ist umfassend, unteilbar und niemals richtig oder falsch. Religion ist letztlich alles, was uns über die Stufe der Tiere hinaushebt, ist Menschlichkeit im besten Sinne. Und diese ist ganz unabhängig von irgendeinem konfessionellen Glauben.

DIE EVOLUTION HAT EIN ZIEL

Aristarchos von Samos erkannte, daß die Erde keine Scheibe sein kann, sondern eine Kugel sein muß. Giordano Bruno schenkte der Menschheit das Wissen, daß unsere Erde nicht »die Welt« ist, sondern daß das Universum von schier unendlicher Größe sein muß. Charles Darwin und andere widerlegten die bis dahin gültige Annahme, daß »die Welt« als fertiges Produkt geschaffen sei. Ihre Forschungen schufen die Grundlagen der Erkenntnis, daß die Schöpfung in Entwicklung begriffen ist, daß sie evolutioniert. Mit diesen Erkenntnissen wird das aus der Antike überkommene und noch heute von der Mehrzahl unserer Zeitgenossen geglaubte Weltbild auf den Kopf gestellt.

Eine gesetzmäßig verlaufende Entwicklung schließt eine personale Gottheit, die willkürlich in ihre Schöpfung eingreifen kann, grundsätzlich aus. Damit entfällt jeder Grund für Gottesfürchtigkeit und damit für ein Buhlen um seine Gunst, wie es Bittgebete und Gelübde darstellen. Somit kann es auch keinen »Stellvertreter Gottes auf Erden« geben. Der Beruf »Papst«, »Patriarch« oder wie sich alle die Stellvertreter nennen, wird überflüssig. Wo es keine Willkür durch eine übergeordnete Macht gibt, ist auch kein Grund mehr gegeben für die tiefe Verunsicherung der Gläubigen. An ihre Stellen wird das Wissen um die vorbehaltlose Zuverlässigkeit des Naturgeschehens treten, das gesetzmäßig verläuft und weitgehend berechenbar wurde. Dem widerspricht nicht, daß wir von Erdbeben und anderem

Geschehen noch überrascht werden können. Denn wir wissen, daß dies ebenfalls die Folge von Naturgesetzen ist und kein Akt der Willkür. Anstelle von Furcht und Unsicherheit wird Vertrauen in die Zuverlässigkeit der Schöpfung treten, und somit Sicherheit in unser Lebensgefühl kommen.

Ein auf der Evolution beruhendes Weltbild ist für jeden und zu jeder Zeit nachprüfbar, wogegen ein konfessionelles Weltbild nur geglaubt werden kann. Es stützt sich auf einige wenige Aussagen längst vergangener »Heiliger«. Denn »Gott sprach« nur zu wenigen Menschen in wenigen Aussagen zu längst vergangener Zeit. Das zeitgemäße Weltbild stützt sich auf eine ungeheure Fülle von Erkenntnissen, die stets auf dem neuesten Stand gehalten werden und die jeder nachprüfen kann. Wir können heute die Evolution bis weit zurück verfolgen, wir ahnen gar ihren Beginn, und das alles werden wir mit der Zeit immer besser erkennen und verstehen lernen. Die Art und Weise, wie sich eines aus dem anderen entwickelte, das Kompliziertere, Leistungsfähigere aus Einfacherem, und mit welchen Methoden dies erreicht wurde, das gestattet uns einen intimen Einblick in des Schöpfers Werkstatt. Wir erkennen dessen Möglichkeiten und Grenzen, die auch der Natur gezogen sind. Und es läßt sich eine Tendenz feststellen in der Evolution, ein Ziel.

Dieses Ziel können wir sehr gut an der Entwicklung unserer Augen erkennen. Es begann im Urmeer mit Euglena, einem Einzeller. Er war durchsichtig, hatte vorn einen kleinen roten Fleck und hinten eine kleine Geißel zur Fortbewegung. Der rote Fleck warf einen Schatten auf den Hinterleib, wo die Geißel verankert war. Der Schatten beeinflußte deren Aktivität. So war Euglena befähigt, nicht nur wahllos umherzuschwimmen, sondern seine Geißelschläge etwas zu steuern, damit vornehmlich die Richtung zum Licht eingehalten werden konnte. Für eine Pflanze, die vom Licht abhängig ist, war dies ein immenser Fortschritt. Im Laufe der weiteren Entwicklung wurde das so vorteilhafte, aber recht empfindliche »Auge« durch eine Vertiefung geschützt, wie bei der Napfschnecke. Später wurde aus der kleinen Grube eine richtige Höhlung mit Pupille. Weil durch diese aber leicht Fremdkörper eindringen konnten, die der Funktion des Auges abträglich waren, wurde diese Öffnung schließlich wie bei unseren Augen mit einer durchsichtigen Linse verschlossen.

Es liegt auf der Hand, daß die Genauigkeit einer Richtungsbestimmung mit jeder Vertiefung der Augengrube größer wurde. Und schließlich machte die Evolution aus der Not, eine Pupille verschließen zu müssen, eine Tugend in Gestalt einer Linse. So wurde die Brennschärfe veränderbar und ein erstes Abbild der Umwelt möglich. Und zwei Augen, die etwas entfernt von einander stehen, ermöglichen mit dem Stereo-Effekt ein Abschätzen von Entfernungen.

Diese Entwicklung allein ist schon sehr erstaunlich. Aber das ist noch nicht alles. Der Augenfleck, dieser kleine rote Punkt bei Euglena, diente nur dazu, einen Schatten zu werfen. Für diesen Zweck hätte ebenso gut eine Kalkablagerung genügt, wie sie etwa Vögel um ihre Eier bilden. Doch der rote Fleck bestand aus derselben komplizierten Substanz wie der Sehpurpur unserer Augen. Und aus der kleinen Geißel von Euglena wurden die Stäbchen und Zäpfchen unserer Augen. Hier drängt sich die Frage doch geradezu auf, wieso die Evolution schon damals, als Kalk genügt hätte, dieses aufwendige Material ersonnen hat. Hätte die Evolution damals Kalk gewählt, was für Euglena völlig ausgereicht hätte, dann hätte es keine Augen der Napfschnecke gegeben und auch niemals unsere menschlichen.

Ein weiteres und besonders eindrucksvolles Beispiel ist das Ausdehnungsverhalten des Wassers.

Zum Verständnis eine Vorbemerkung: Es gibt 92 stabile Atome, aus denen sich das ganze Weltall zusammensetzt. Aus diesen 92 Atomen und ihrer Vielzahl ergibt sich durch die verschiedensten Kombinationsmöglichkeiten eine unvorstellbare große Zahl verschiedener chemischer Verbindungen, und jährlich werden in den Labors der Welt Hunderttausende neuer Verbindungen synthetisiert – alle aus 92 verschiedenen Atomen.

Die Bausteine des Lebens sind Proteine, auch Eiweiß genannt. Sie werden gebildet aus Aminosäuren. Diese sind recht einfache Strukturen aus Kohlenstoff, Sauerstoff, Wasserstoff, Stickstoff und Schwefel mit insgesamt etwa 20 bis 30 Atomen. Die Anzahl der möglichen Kombinationen dieser Aminosäuren zu Eiweiß ist größer als die Zahl aller Atome im Weltall. Mögen wir hieraus ersehen, welchen Stellenwert Leben in der Schöpfung hat.

Unser Alphabet hat 26 Buchstaben. Ebenso, wie Atome die Bausteine der Materie sind, so sind Buchstaben die Bausteine aller Texte. Wieviel größer muß die Möglichkeit für Kombinationen sein, wenn nicht nur 26, sondern 92 Elemente zur Verfügung stehen? Alle diese Atomarten entwickelten sich aus dem einfachsten, dem Wasserstoffatom. Wenn sich zwei solcher Wasserstoffatome mit einem Sauerstoffatom verbinden, entsteht Wasser. Nun hat alle Materie die Eigenschaft, sich bei Erwärmung auszudehnen und bei Abkühlung zusammenzuziehen. Je wärmer, um so voluminöser, je kälter, um so kompakter. Diese Gesetzmäßigkeit wird in der Dampfmaschine ebenso ausgenutzt wie in jedem Verbrennungsmotor. Doch es gibt eine einzige Ausnahme hiervon – beim Wasser. Von beliebig heiß bis plus vier Grad Celsius verhält sich Wasser wie alle übrige Materie, doch bei weiterer Abkühlung verhält es sich paradox: Es dehnt sich aus bis zum Gefrierpunkt. Deshalb ist Wasser von plus vier Grad schwerer als kälteres, und Eis ist noch erheblich leichter. Das schwerere Wasser von plus vier Grad sinkt nach unten, und dies ist der Grund, weshalb tiefere Gewässer im Winter nicht bis zum Grund zufrieren können. Am Grund hat das Wasser immer noch plus vier Grad, was die Vorbedingung für das Überleben der Tiere und vieler Pflanzen im Wasser ist.

Wer möchte da noch behaupten, diese nur beim Wasser bestehende Anomalie sei Zufall, eine Unkorrektheit, eine Panne der Natur. Zur Entwicklung höherorganisierter Lebewesen war dies eine unverzichtbare Voraussetzung! Sie wurde geschaffen, als der Urbaustoff aller Materie, der Wasserstoff, geschaffen wurde. Dies mag vor 20 Milliarden Jahren gewesen sein, als ein Wesen die Welt erschuf. Dieses sah damals voraus – es läßt sich gar nicht anders denken –, daß einstmals, in vielen Milliarden von Jahren, diese Anomalie notwendig sein wird, um Leben entstehen zu lassen: Leben auf jedem Globus, welcher von einer Lufthülle umgeben ist und in bestimmtem Abstand um eine Sonne kreist und um sich selbst, damit es Tag und Nacht werde, Sommer und Winter, denn sonst wäre diese Anomalie wiederum sinnlos.

Ein konfessionelles Weltbild ist notwendigerweise statisch. Es beruht auf der Annahme, daß Gott diese Welt so, wie sie ist, erschuf. Die Bibel läßt die Schöpfung innerhalb von sechs Tagen geschehen. Wir wissen jedoch inzwischen, daß hierzu etwa 20 Milliarden Jahre erforderlich waren. Ein statisches Weltbild läßt die Frage nach dem Sinn der Schöpfung und damit nach Sinn und Aufgaben des Menschen gar nicht erst aufkommen, weshalb konfessionell orientierte Menschen auf die Sinnfrage nicht vorbereitet sind. Es war eben Gottes Wille, daß die Schöpfung werde, was gibt es da zu fragen? Doch wer möchte sich anmaßen, Gottes Willen zu kennen – es sei denn, er schaut sich sein Werk an, die Natur. Und wie will man ein sinnvolles Leben führen, ohne nach dem Sinn des Lebens zu fragen?

Eine ganz andere Ausgangslage ergibt sich mit dem Wissen um die Evolution. Sie allein bietet uns die Möglichkeit, ein Wollen, das die Schöpfung auf ein Ziel hin vorantreibt, zu erkennen. Wer möchte heute noch bestreiten, daß die Natur in Entwicklung begriffen ist. Dieses Wissen, das uns so selbstverständlich wurde, ist erst wenige Jahrzehnte alt. In atemberaubendem Tempo hat die wissenschaftliche Forschung die Etappen dieser Entwicklung entdeckt, die uns ein neues Weltbild ermöglicht, wie es unseren Großeltern noch undenkbar gewesen wäre. Entwicklung ist notwendigerweise auf ein Ziel gerichtet, ob sie nun in den Labors der Industrie stattfindet oder in der Natur. Wir beginnen, das Ziel der natürlichen Entwicklung, der Evolution, zu erkennen und damit das Ziel aller Schöpfung.

Das Wissen über die Naturgesetzlichkeiten wird immer vollständiger werden und damit auch das darauf beruhende Weltbild. Es wird vollständiger, aber nie mehr anders, denn seit 20 Milliarden Jahren entwickelt sich das Naturgeschehen immer in dieselbe Richtung, und diese wird sich so wenig ändern können, wie sich jemals ein Naturgesetz ändern könnte.

Allgemeingültige Erkenntnisse, die niemals mehr durch neue Erkenntnisse geändert, sondern nur noch ergänzt werden können, sind Wahrheiten, die das Ziel der Schöpfung erkennen lassen, die unumkehrbare Entwicklung vom Einfachsten zur heutigen Vielfalt, die drei Perioden erkennen läßt: die geologische Evolution, die biologische Evolution und die Evolution des Bewußtseins. Die erste, die geologische Evolution fand ihre Vollendung, als sie die Entstehung erster Lebensformen ermöglichte. Die biologische Evolution fand ihre Vollendung im Erscheinen des ersten nichtausspezialisierten Lebewesens, des Menschen. Die Evolution des Bewußtseins befindet sich, jedenfalls hier auf Erden, im Anfangsstadium. Sie hatte die geologische und die biologische Evolution zur Voraussetzung.

Bei den ersten beiden Entwicklungsstufen können wir durch Vergleich des Anfangszustandes mit seiner Vollendung das Ziel erkennen. Der Beginn war immer ein äußerst einfacher Zustand ohne jegliche Integration. So begann die geologische Evolution mit der Existenz von nichts anderem als Wasserstoffatomen, allerdings in einer unvorstellbar großen Anzahl. Innerhalb von Milliarden von Jahren bildeten sich hieraus die Gestirne in ihrer Differenzierung nach Sonnen, Planeten, Kometen usf., die ihrerseits eingebunden sind in die galaktische Ordnung. Diese zwingt die Myriaden von Sonnensystemen in feste Bahnen und in ein Geschehen, das in seinem kosmischen Zusammenwirken die Grundlagen schuf für die Entstehung und Entwicklung von Leben im ganzen Weltall. Diese Bedingungen sind derart schwierig zu erfüllen, daß hierzu das gesamte Weltall in seiner inzwischen entstandenen Ausdifferenzierung nötig war. Das mineralische Weltall folgt somit in seiner Gesamtheit einer Ordnung, die zwangsläufig Leben entstehen ließ. Die geologische Evolution vollendete sich also, als sie die größtmögliche Integration erreicht hatte: das Zusammenwirken des Weltalls, um ein vorgegebenes Ziel zu erreichen.

Mit dem Erreichen dieses Zieles waren die Bedingungen geschaffen, um erstes Leben entstehen und sich weiterentwickeln zu lassen. So entstand erstes Leben durch Kooperation einfachster Atomgruppierungen – die ersten einzelligen Lebewesen.

Jede spätere Evolutionsstufe zeigt eine höhere Leistungsfähigkeit. Wo eine Amöbe sich nur im Meerwasser treiben lassen konnte, betrat der Mensch schon den Mond. Seine Körperlichkeit ermöglichte die Entwicklung der Technik, die seine Fähigkeiten wie Kraftentfaltung und Orientierungsvermögen unermeßlich vervielfacht. Durch Elektronenmikroskope und Observatorien beispielsweise werden Aspekte der Schöpfung sichtbar, die niemals einem nichtmenschlichen Wesen zugänglich werden können. Mit dem Erscheinen des Menschen ist die biologische Evolution vollendet und der Träger für Beginn und Vollendung der dritten Evolutionsstufe geschaffen, der die Bausteine des Atoms enträtselt und mit den fernsten Galaxien in Kontakt tritt.

Die erste Stufe der Entwicklung, die geologische, von der Bildung des Wasserstoffatoms bis zum Erscheinen der ersten Einzeller, mag etwa 16.000 Jahrmillionen gedauert haben. Die folgende biologische Stufe von dort bis zum ersten Nutzfeuer brauchte nur ein Viertel dieser Zeitspanne, etwa 4.000 Jahrmillionen. Und für denselben Zeitraum hat auch unser Zentralgestirn, die Sonne, noch Vorrat an atomarem Brennstoff. Mit ihrem Erlöschen wird jedes irdische Leben enden. Doch ist von dieser Zeitspanne seit Beginn der geistigen Evolution vor etwa zwei Millionen Jahren erst ein halbes Tausendstel verstrichen. In welche Höhen des Bewußtseins wird sie uns noch führen! An Zeit jedenfalls wird es nicht mangeln.

Schon die ersten beiden Integrationsstufen zeigen überdeutlich die Richtung aller Entwicklung vom Einfachsten zum Komplexen, vom Unbelebten zum Lebendigen. Aber auch am Beginn der dritten Stufe sehen wir deren Ziel, wie sich aus unbewußtem, nur vegetierendem Leben Bewußtsein entwickelt. Es ist ein Bewußtsein, das über die Schöpfung hinausreicht, sie transzendiert. Denn es fragt nicht nur nach dem, was ist, sondern auch, wie es dazu kam und wie es noch werden wird. Bewußtsein umfaßt die Schöpfung nicht nur von ihrem Anbeginn an, sondern fragt darüber hinaus auch nach dem Zustand vor der Schöpfung, welche Möglichkeiten zur Verwirklichung diese hatte und welches ihr Ziel ist.

Unser Wissen über die Natur – und das bedeutet über die Schöpfung – hat sich in den letzten Jahrzehnten mit atemberaubender Geschwindigkeit vermehrt. Eine Folge hiervon ist die ebenso rasche Entwicklung der Technik. Noch vor wenigen Generationen konnte ein Handwerker mit dem Werkzeug seines Urgroßvaters auskommen, wohingegen heute ganze Fabrikanlagen schon in einem Jahrzehnt veraltet oder, wie das milliardenteure Atomkraftwerk Kalkar, kurz vor Fertigstellung schon technisch überaltert und zur Bauruine geworden sind. Menschliches Forschen hat in den vergangenen hundert Jahren mehr an Wissen über den Menschen und seine Umwelt freigelegt als in den etwa zwei Millionen Jahren zuvor, seit es Menschen gibt.

VERTRAUEN STATT ABERGLAUBEN

Da sollte es eigentlich ganz selbstverständlich sein, daß sich auch unser Weltbild in den letzten Jahren vollständig gewandelt hat, doch ist das leider nicht geschehen. Die überwiegende Mehrzahl aller Menschen lebt noch in einem Weltbild, das vor über 2000 Jahren ersonnen wurde und heutigen Anforderungen nicht im entferntesten mehr genügen kann. Die Unberechenbarkeit eines Gottes, der durch Geschenke und Gebete zu beeinflussen ist, muß den Gläubigen ihm gegenüber mißtrauisch werden lassen, was die ganze menschliche Existenz in bestimmter Weise prägt. Auch unter der Voraussetzung einer vom Schöpfer abgefallenen Schöpfung wird Vertrauen immer von einem gewissen Mißtrauen begleitet sein. Niemand ist sicher, noch nicht einmal mit seinem Gottvertrauen. Unter Gläubigen gilt Gottvertrauen als eine sehr wünschenswerte Haltung, die die eigenen Zweifel um so mehr mildert, je mehr man bei anderen Gottvertrauen bemerkt. Denn in leidvollem Erleben erfährt jeder immer wieder das Fehlen der helfenden Hand Gottes. Selbst dem Vorbild der Christenheit war zweifelsfreies Vertrauen zu Gott nicht möglich, wie Joh. 8,29 zeigt, wo Jesus von Gott sagt: »Der Vater läßt mich nicht allein; denn ich tue allezeit, was ihm gefällt.« Später mußte Jesus seine ganze Überzeugung und Lehre revidieren, als er rief: »Mein Gott, mein Gott, warum hast du mich verlassen?«

Dieses mangelnde Gottvertrauen zeigt sich auch im täglichen Gebet, wo sogar mit Gottes absichtlicher Verführung seiner Kinder gerechnet wird: »[...] und führe uns nicht in Versuchung!« Würde ein menschlicher Vater seine Kinder in solch infamer Weise verführen wie der Gott des Alten Testaments den armen Hiob, käme er vor Gericht. Mittlerweile stellen wir an menschliche Ethik höhere Ansprüche als an einen konfessionellen Gott.

Einen ganz anderen Stellenwert bekommt Vertrauen in unserem Leben, wenn wir die Unvollkommenheit als eine unausweichliche Voraussetzung für die Entwicklung in der Schöpfung ansehen. Da bleibt kein Raum für Zweifel an der Bonität und Zuverlässigkeit des Schöpfers, denn kein irgendwie geartetes Geschehen kann die Zielrichtung der Evolution in Frage stellen. Diese Sicht ermöglicht uns ein Vertrauen ohne Vorbehalte. Hierbei ist man sich der möglichen Unvollkommenheiten sehr wohl bewußt, die dann nicht mehr mit einer Wertung nach Gut und Böse belegt werden, sondern lediglich mit einem »noch nicht«.

Schließlich gründen alle pflanzlichen, tierischen und menschlichen Gemeinschaften auf gegenseitigem Vertrauen. Alle Gemeinwesen werden um so besser gedeihen, je besser die Schwächen und Unvollkommenheiten der einzelnen Mitglieder dabei berücksichtigt werden. Unsere Kultur und Zivilisation, die ein großes Gemeinschaftswerk unterschiedlichster Charaktere und Veranlagungen darstellen, wären ohne ein solches Vertrauen nicht möglich gewesen. (Ihre Fehlentwicklung hat andere Ursachen.)

Je weiter ein Mensch in seiner Entwicklung vorangeschritten ist, um so mehr wird Vertrauen die Beziehung zu seinen Mitmenschen bestimmen, weil er auch fähiger wird, ihre Unvollkommenheit zu erkennen und zu verstehen. Das größte Vertrauen schenkte der Schöpfer seinen Geschöpfen, indem er für sie die Entwicklung von Bewußtsein voraussah.

Vertrauen wird auch durch Beten nicht gestärkt. Offenbar bleiben die meisten Gebete ohne Gehör. So hat der letzte Weltkrieg über 50 Millionen Menschen das Leben gekostet. Vermutlich haben die meisten der Opfer vor ihrem schrecklichen Ende zu Gott gebetet, und ihre Angehörigen für sie ebenfalls. Doch ihre Gebete wurden nicht erhört.

Jedes Gebet, sofern es nicht ein Dank ist, will die Änderung eines möglichen oder bestehenden Ereignisses. Doch Gott müßte, wenn ein Gebet Erfolg haben sollte, seine eigenen Naturgesetze außer Kraft setzen. Zudem steckt hinter solchem Beten der Vorwurf an Gott, daß man ihm erst sagen muß, was er tun soll.

Abhängigkeit von »oben« zeigt sich auch auf andere Weise. Viele glauben an den Einfluß der Sterne auf ihr Schicksal. Sicherlich wird es für das künftige Leben nicht ganz ohne Bedeutung sein können, ob etwa bei den ersten Ausfahrten im Kinderwagen Herbststürme toben oder ob ein mildes Mailüftchen weht; und die Ernährung nach dem Versiegen des mütterlichen Quells wird im Sommer eine andere sein als im Winter, vor allem früher, als die Lebensmittelversorgung viel abhängiger war von der Jahreszeit. So wirken viele Einflüsse auf das werdende Leben ein, aber derartiges meinen die Sterndeuter nicht. Sie wollen das Schicksal erkunden, dementsprechend eine unbekannte Macht den Menschen Steine auf den künftigen Lebensweg legt oder bei Wohlwollen solche aus dem Wege räumt. Einem am Sternenhimmel scheinbar aufsteigenden Gestirn, dem Aszendenten, Einfluß auf das künftige Menschenleben einzuräumen, wird im selben schicksalsmäßigen Sinn verstanden, wie es für manche Menschen ein Unglück bedeutet, wenn eine schwarze Katze ihren Weg von links nach rechts kreuzt (oder von rechts nach links?).

Der Glaube an die Abhängigkeit des Menschen von der Stellung der Sterne am Firmament entwickelte sich vor 3000 Jahren und erreichte bei den Babyloniern eine hohe Blüte. Es läßt sich nachempfinden, wie es zum Glauben an den Einfluß der Sterne gekommen ist. Da jeder Mensch auf der Oberfläche einer Kugel lebt und diese im Größenvergleich zum Firmament nur einen Punkt darstellt und weil sich diese Kugel dreht, sieht man, wie sich alles am Himmel scheinbar um die Erde, um den Betrachter dreht. Wer von dieser Rotation und der dadurch hervorgerufenen Täuschung nichts weiß, kann schon auf die Idee kommen, daß sich alles in der Welt um den Menschen dreht. So empfindet sich jeder Reisende auf hoher See wegen der Kugelgestalt der Erde stets im Mittelpunkt des Meeres.

Waren es in geschichtlicher Frühzeit vornehmlich die Herrschenden, die sich ihre Hofastronomen hielten und durch sie die Sterne befragen ließen, ob diese für den Beginn einer Reise oder eines Krieges günstig stehen, so ist das »Horoskop« geradezu eine Modeerscheinung geworden. Kaum ein Wochenblättchen, das nicht seine ständige Rubrik dafür bereithält, selbst unter solch banaler Überschrift: »Die Sterne lügen nicht.« Vielleicht interessieren sich die Leute um so mehr für Horoskope, je weniger sie in den Konfessionen eine Orientierungshilfe sehen.

Selbstverantwortlichkeit ist anscheinend schwer zu ertragen, und wenn man nicht mehr den »lieben« Gott für sein Geschick verantwortlich machen kann, bieten die Sterne vielleicht noch einen letzten Halt. Das eigene Versagen läßt sich dann der ungünstigen Konstellation anlasten.

Vielleicht aber ist es nicht nur die Schwäche, die heute so viele Menschen für Horoskope empfänglich macht. In der Abhängigkeit des Nächstliegenden, unseres Lebensglücks, vom Fernsten, den Sternen, verbirgt sich vielleicht auch ein Erahnen von Zusammenhängen, die vordergründig nicht ersichtlich sind. Die Feststellung, daß wir von den Sternen abhängig sind, braucht nur noch ergänzt zu werden: wir sind es im selben Maße, wie auch die Sterne von uns abhängig sind. Denn nichts im Universum existiert isoliert von allem anderen. Alles, was ist, hat zugleich Bezug zu allem anderen. Denn alles hat denselben Schöpfer.

Solche Wechselwirkung besteht nicht nur im materiellen Bereich, sondern auch geistig und emotional, wie sich augenfällig bei Massensuggestionen zeigt, oder, nicht selten, wenn dieselbe wichtige Erfindung von zwei Menschen zur selben Zeit an ganz verschiedenen Orten gemacht wurde. Werden solche Betrachtungen weitergesponnen, können sie zu der Erkenntnis führen, daß letztlich Materie und Nichtmaterielles keine Gegensätze sind, sondern Identitäten mit verschiedenen Erscheinungsformen. Wenn Aberglaube wie Astrologie zu solchen Erkenntnissen führte, hätte er auch eine positive Seite. Doch am Beginn des dritten Jahrtausends sollten wir auf solche Umwege verzichten können. Aberglaube und Magie sind Ausdruck von Unwissenheit und Unsicherheit. Wer in der Lage ist, ein Buch zu lesen, der kann sich heute ein Wissen aneignen, das Aberglaube und Magie überwindet. Man muß nur sein anerzogenes Weltbild in Frage stellen. Doch dazu gehört Mut.

Mut ist eine Haltung, die unser Leben in mancher Hinsicht prägt, auch wo wir das kaum vermuten würden (ver-muten: sich bereit machen zu neuer Erkenntnis), und sei es beim Fehlen von Mut angesichts des immer weiteren Auseinanderklaffens von technischer und menschlicher Entwicklung. Das wurde möglich, weil wir vor unserer Seele gleichsam ein Raster haben, ein Sieb, das nur solche Informationen an das Wesen gelangen lassen möchte, die nicht wesentlich sind, die es nicht zu Veränderungen zwingen, zu Konsequenzen. Man kann zum Beispiel ein immer tieferes technisches Wissen erwerben, ohne seinen Charakter ändern zu müssen.

Um technische Angelegenheiten zu lernen, bedarf es nur eines wachen Intellekts. Um Wesentliches lernen zu können, bedarf es mehr. Wer Auto fahren kann, ist deswegen als Mensch nicht reifer als andere, die das nicht gelernt haben. Ein Lernen von Wesentlichem verändert unser Wesen, macht es menschlicher. Solches Lernen bezieht auch unseren Charakter mit ein, wir lernen mit unserem ganzen Wesen. Wesentliches kann nur lernen, wer bereit ist, auch die sich daraus ergebenden Konsequenzen zu tragen.

Das gilt auch für alle Informationen, die etwa das konfessionelle Weltbild in Frage stellen würden. Wer glaubt, daß Jesus körperlich auf dem Meer gehen konnte, braucht sich um unsere Umwelt keine Sorgen zu machen. Schließlich wird Gott, der solche Wunder vollbringt, es nicht zulassen, daß wir die Lebensfähigkeit der Erde gefährden. Dieser Glaube befreit von der Selbstverantwortlichkeit.

Aber die rasante technische Entwicklung und parallel mit ihr die fortschreitende Zerstörung unserer Lebensgrundlagen zeigt, daß wir unser Weltbild nicht ungestraft durch Konfessionen konservieren lassen dürfen, sondern daß wir es in ebenso fortschreitendem Maße erweitern müssen. Und das erfordert viel Mut und Vertrauen in die Zuverlässigkeit der Schöpfung. Sie gibt nicht nur den Pflanzen und Tieren die Kraft, ihr Leben zu meistern, sondern auch uns Menschen.

FURCHT UND ANGST

Das Verlassen des Paradieses brachte uns bei weitem nicht nur Annehmlichkeiten wie Glück und Liebe, sondern auch negative Erlebnisse wie psychosomatische Krankheiten, Langeweile, Ärger und Sorgen. Den teuersten Preis jedoch bezahlten wir mit unserer Angst.

Im Unterschied zur Furcht gilt Angst einer ungewissen Ursache. Furcht hat man immer »vor« etwas, während uns Angst aus einem unerkennbaren Dunkel überfällt. Furcht kennt auch das Tier; sie gehört zu den vegetativen Überlebenssteuerungen. Furcht kann bei Todesgefahr ungeahnte, lebensrettende Kräfte freisetzen. Ist die Gefahr vorüber, so erlischt auch die Emotion der Furcht.

Nicht so die Angst. Wo Furcht uns vor möglichen Gefahren warnt und schützen kann, wirkt Angst entgegengesetzt. Sie lähmt, die Knie werden »weich«, die Hände zittern, kalter Schweiß bricht aus, die Luft wird knapp. Angst (von indogerman. *angh* = eng) wirkt ausschließlich destruktiv.

Zwischen Furcht und Angst ist die Sorge angesiedelt, ein rechter Zwitter: teils gezielt und begründet, teils diffus und unbegründet. Sorge kann zu sinnvollem wie auch zu unsinnigem Handeln führen.

Wenn wir die Angst, wo immer sie aufkommt, einfach abschütteln könnten, wäre das ungemein hilfreich für unsere Lebensführung. Denn wo immer uns Angst überkommt, wäre nicht Lähmung, sondern große Aktivität angemessen. Wie aber sollen wir uns gegen

Angst wehren, wenn wir diese destruktive Emotion meistens nicht einmal bemerken?

Wer sich aus unerfindlichen Gründen unwohl fühlt, zögerlich und antriebsschwach, wer schwitzt, wenn es nicht zu warm ist, und zittert, dem dürften das Hinweise auf solch eine »tiefsitzende« Angst sein. Vielleicht löst sie sich etwas und »kommt hoch«, sitzt dann wie »ein Kloß im Hals«. Sie zu überwinden ist viel schwieriger, als etwa für einen starken Raucher, von seiner Sucht zu lassen. Letzteres ist eine Frage des Wollens und Willens, nicht so bei der Angst.

Wie kann ein Betroffener von seiner Angst loskommen? Das kann nur gelingen, wenn sie überhaupt erst einmal bemerkt wird und danach ihre Ursache erforscht werden kann. Das ist wahrlich nicht einfach, denn Angst verbirgt ihre Ursache und zeigt sich – wenn überhaupt – maskiert: etwa als Unfähigkeit, einen freien Platz zu überqueren oder eine Rolltreppe zu benützen. Da hilft es nichts, sich todesmutig im Überqueren von Plätzen zu üben oder in der Benützung von Rolltreppen. Dennoch sind solche Phobien einfacher zu beheben als etwa die Ursache von Stottern. Denn sie haben alle eines gemeinsam: man kann eine einmal begonnene Handlung nicht jederzeit wieder abbrechen, sondern man muß sie zu Ende führen. Wer eine Rolltreppe betritt, kann erst wieder am Ziel herunter. Und wer unter Platzangst leidet, muß in der Mitte des Platzes noch einmal ebenso weit gehen – immer über die freie Fläche. Hier liegt der Grund für das den Gesunden so unfaßliche Verhalten solcher Angstpatienten, zum Beispiel, einen Platz nicht auf dem kürzesten Wege zu überqueren, sondern außen herumzugehen. Den recht zahlreichen Menschen mit Flugangst ist wenig gedient mit dem Hinweis, daß Fliegen heute die sicherste Reisemöglichkeit ist oder daß die Besatzung, deren Beruf das Fliegen ist, auch keine Angst hat. Flugangstpatienten wissen beim Betreten eines Flugzeuges, daß sie darin für die nächsten Stunden unweigerlich gefangen sind, daß es vor der Landung kein Entrinnen gibt, bis die Türen wieder geöffnet werden.

Die Angst hängt mit dem Zwangscharakter einer Situation zusammen. Es ist das Gefühl von der Unausweichlichkeit einer Lage, das Angst aufkommen läßt. Wenn man diesen Zusammenhang erkennt, ist der erste Schritt zur Überwindung der Angst getan. Sie muß auf Furcht reduziert werden. Damit ist aus einem irrationalen, unbeherrschbaren Komplex ein rationales Geschehen geworden, das beherrschbar wird. Die Furcht, die der Angst zugrunde liegt, kann durchaus berechtigt und angemessen sein.

Bei jeder neuen Restimulation kann man auf diese Unausweichlichkeit achten, womit ein erstes, wenn auch nur ahnendes Bewußtmachen von bisher Unbewußtem gelingen kann. Vielleicht läßt sich ein Erlebnis erinnern, das wegen seiner Unausweichlichkeit zur Ursache dieser Erkrankung wurde. Ein solcher Zugang zur Angst ist jedoch die Ausnahme. Wer in einer modernen Zivilisation lebt, ist von Ängsten besessen, die er selbst nicht wahrnimmt.

Warum macht uns Angst so hilflos, und warum ist es so schwierig, sie in ihrer Macht über uns zu erkennen? Weil ihre Ursache in die Seele eingepflanzt wird, wenn der kindliche Verstand noch nicht fähig ist, sich dagegen zu wehren. Ursache lebenslanger Angst ist immer Unterdrückung in der Kindheit, und das ist ganz wörtlich zu verstehen: körperliche und seelische Bedürfnisse des Heranwachsenden werden durch die Erwachsenenwelt teils bewußt, teils unbewußt niedergedrückt, so daß sie nicht ausgelebt werden können. Diese Unterdrückung erfolgt vielfältig und vielschichtig. Doch nur jene Unterdrückung verletzt, die später nicht als sinnvoll erkannt werden kann. So muß jedes Kind lernen, neben seinen eigenen Bedürfnisse auch die der Gemeinschaft zu berücksichtigen. Das geht nicht ohne Zwang. Auch die Einhaltung der Verkehrsregeln wird mit hartem Zwang durchgesetzt, doch das schädigt das Wesen nicht, weil dieser Zwang nicht niederhalten, sondern helfen will. Auch der Schulbesuch unterliegt hartem Zwang, der aber nur dann pathogen wirkt, wenn ein Schüler Schikane oder Mißbrauch erlebt.

Unterdrückung, die uns ein Leben lang schädigt, beginnt in frühester Kindheit, meist an den sexuellen Bedürfnissen. Das Berühren der Genitalien wird getadelt und verhindert. Das Verrichten der Notdurft muß schamhaft geschehen. Welche Erwachsenen – Frauen zumal – werden nicht sehr verlegen, wenn sie sich im Freien unbeobachtet glauben und dennoch beim Verrichten ihrer Notdurft »erwischt« werden? Die natürliche und zur Reifung nötige sexuelle Neugier des Kindes wird derart unterdrückt, daß an Erwachsenen Milliardengewinne mit Pornographie erzielt werden. Viele können nur mit Hilfe solcher Druckerzeugnisse anschauen, was bisher ihren Blicken verborgen wurde. Ebenso lebt die Mode großteils von dieser Unterdrückung, weil sie durch geschickte Verhüllung des »Unanständigen« doch zugleich möglichst viel davon zeigt.

Die Unterdrückung ist derart subtil, daß wir sie oft sogar als wünschenswert erachten. So gilt jemand als »anständig«, der seine sexuellen Bedürfnisse unterdrückt und verheimlicht. Soldaten sind dann gute Soldaten, wenn ihre Individualität weg-»geschliffen« ist, wenn die Kompanie »wie *ein* Mann« die Hacken zusammenschlägt, wenn alles »wie am Schnürchen« läuft, als handle es sich nicht um Menschen, sondern um Marionetten. Statt voller Scham über solche Entmenschlichung zu sein, tragen sie stolz ihre Uniform, die noch den letzten Rest von Individualität unterdrückt.

Nicht weniger perfide ist die konfessionelle Unterdrückung. Auch sie läßt den gänzlich Unterdrückten als Ideal erscheinen, wie etwa einen »gottesfürchtigen« Menschen, obwohl sich dieser doch vor seinem Gott verhält wie ein geprügelter Hund, der sich vor seinem Herrn in ständiger Erwartung weiterer Mißhandlung krümmt. Nahezu alle konfessionelle Erziehung wirkt suppressiv. Sämtliche Dogmen, die doch als der Weisheit letzter Schluß gelehrt werden, widersprechen allem, was wir in der Schule über die Naturgesetze gelernt haben, und aller Lebenserfahrung. Wo die »Bergpredigt« (Matth. 5) lehrt: »Selig sind die Sanftmütigen, denn sie werden das Erdreich besitzen«, war zu allen Zeiten das Gegenteil zutreffend. Andernfalls gehörte noch heute der nordamerikanische Kontinent den Indianern, und es gäbe keine Gewerkschaften als Interessenvertreter der Arbeitnehmer. Die Tragpfeiler jeglichen konfessionellen Glaubens, wie er noch immer den meisten unserer Kinder eingeprägt wird, entsprechen dem Wissensstand vor 5000 Jahren. Den Heranwachsenden ergeht es wie einem Auto, dessen Fahrer mit dem rechten Fuß voll aufs Gaspedal und zugleich mit dem linken auf die Bremse drückt. Die Folgen sind wiederum Verunsicherung und Angst.

Zu diesen von der Gesellschaft gewünschten Unterdrückungen kommen weitere wie Aberglauben, daß etwa an einem Freitag, dem 13., nichts Gutes gelingen kann, oder wie die Verführung von Kindern und Jugendlichen durch Eltern, Erzieher und Priester. Alle diese Unterdrückung belastet oder zerstört ein ganzes Leben, weil sie in einem Alter beginnt, in dem sich die Opfer noch nicht mit ihrem Verstand wehren können, und weil sie obendrein noch durch Personen und Institutionen erfolgt, die als Vorbilder gelten.

Wie total diese Unterdrückung blockieren kann, erleben wir etwa am »Lampenfieber« vor einem öffentlichen Auftritt, das den Betroffenen zu einem Zerrbild seiner selbst abstempeln kann.

Auch als Erwachsene mit voll entwickeltem Verstand können wir uns dieser folgenschweren Behinderungen kaum oder nicht erwehren. In ihrer Summierung bilden sie auf dem Grunde unserer Seele jenes undefinierbare Emotionsgemisch, das wir Angst nennen und das die Hauptursache aller unserer Fehlleistungen, Krankheiten und Verbrechen ist. Könnten wir alle unsere Ängste auf einmal überwinden, so wäre das meiste Personal in Kliniken, Arztpraxen, Polizeistationen, Gefängnissen und Irrenanstalten arbeitslos und die bisherigen Schutzbefohlenen gesund und sozial.

Nur wenn wir die Grundlagen der Angst aufdecken und als Unterdrückung erkennen und wenn wir die Folgerungen daraus ziehen, können Gemeinschaft und Einzelwesen gesunden. Die Demaskierung der Angst ist bereits deren Überwindung und somit die einzige mögliche Therapie. Für eine gedeihliche Zukunft des Menschengeschlechts genügt diese Demaskierung allein nicht. Dringlich ist die Vermeidung aller Unterdrückung. Das aber erfordert eine Umgestaltung unserer Gesellschaft von Grund auf, an Stelle von Unterdrückung eine Erziehung zu Selbstverantwortlichkeit und Freiheit.

CHAOS UND ORDNUNG

Die neuesten Erkenntnisse der Naturforschung machen immer deutlicher, daß nichts im unermeßlich großen Universum für sich allein existiert. Alles, sei es ein Gasatom in einer fernen Galaxie oder irgendeine Sonne, alles hat Einwirkung auf jegliche Materie, auf alles Geschehen irgendwo im All.

Ein noch junger Wissenschaftszweig erforscht diese Verhältnisse. Da wird experimentell geprüft, ob alles Geschehen auf Zufall oder auf Gesetzmäßigkeit beruht. Es ist die Chaos-Forschung, die moderne Hochleistungs-Computer zur Voraussetzung hat. Sie schuf die Theorie vom Chaos und beeinflußt schon heute die Mathematik, die Physik, ferner Biologie, Medizin (zum Beispiel Turbulenzen im Blutstrom als Ursache von Thrombosen), Wetterkunde wie auch den Umweltschutz. Sie weist bei allen nichtlinearen Systemen, wie es unser Wetter, aber auch die Evolution als solche sind, eine strenge Naturgesetzlichkeit bei gleichzeitiger Unberechenbarkeit nach. Danach wirken Gesetzmäßigkeit und zufälliges Verhalten in ganz raffinierter Weise zusammen.

Wenn ein Kind vor Freude in die Höhe springt, dann drückt die Erde es etwas von ihr weg. Doch umgekehrt drückt auch das Kind die Erde etwas aus ihrer Position nach unten. Die Wegstrecke hierbei können wir natürlich nicht messen, denn die Entfernung ist um soviel geringer als der Luftsprung, als das Gewicht des Kindes kleiner ist als das der Erde. Und wenn dann die Erde das Kind wieder einfängt, so hat auch das Kind wieder die Erde eingefangen. Mag diese Feststellung für manchen von uns erstaunlich erscheinen, für einen Naturwissenschaftler ist sie eine Selbstverständlichkeit. Doch auch sie selbst mögen über das Ergebnis einer ihrer Berechnungen erstaunt gewesen sein. Wenn auf dem Sirius, einem unserer nächsten Fixsterne, ein einziges Wasserstoffatom entfernt würde, hätte dies auf ein irdisches Doppelpendel schon nach einem Monat eine feststellbare Auswirkung. So präzise dürfen wir die Feststellung werten, daß alles voneinander abhängt, daß nichts für sich allein existiert. Das Universum ist eine großartige Gemeinschaft von allem, was geschaffen wurde.

Wenn wir hierüber forschen und nachdenken, so forscht und denkt die Natur, die Schöpfung über sich selbst nach. Denn wir sind ja ein Teil von ihr. Die Natur erkennt durch die menschliche Forschung, daß sie selbst eine Einheit ist, daß sie sich in zielstrebiger Entwicklung befindet und daß das Ziel beziehungsweise Etappenziel, das sie mittels ihrer Schöpfung Mensch hier und überall im Kosmos erreichen will, ein immer umfassenderes Bewußtsein ihrer selbst ist.

Das Weltall nennen wir auch den Kosmos. Das bedeutete auf griechisch »Ordnung« und »Schmuck«. Weil aber alles auf alles andere einwirkt, müßte hieraus eigentlich ein totales Chaos entstehen, nichts als Unordnung. Keine noch so umfassende Intelligenz könnte berechnen, was aus dieser gegenseitigem Beeinflussung herauskommt, wenn darin nicht auch zugleich eine Gesetzmäßigkeit liegen würde. Die Wissenschaft nennt das Resultat von beiden »Wahrscheinlichkeiten«. Sie sind die Brücke zwischen Chaos und Ordnung. Doch nicht nur die Natur, auch wir machen uns die Wahrscheinlichkeiten zunutze. So kalkulieren die Versicherungsgesellschaften ihre Prämie nach der Wahrscheinlichkeit, mit der das versicherte Risiko eintritt. Dabei ist gleichgültig, ob eine versicherte Person schon gleich nach Vertragsabschluß, erst viel später oder niemals zum Versicherungsfall wird, wenn nur der Durchschnitt aller Versicherten der Vorausberechnung entspricht. Diese wird um so genauer sein, je größer die Zahl der Versicherten ist. Auf einem ähnlichen Prinzip beruhen die erstaunlichen Voraussagen von Wahlergebnissen, die oft auf ein Prozent genau eintreten.

Ein weiteres Beispiel sei die Wärmemessung. Wenn wir mit sehr empfindlichen Meßfühlern die Temperatur in einem Gas ganz genau bestimmen, so ist es durchaus möglich, daß von den vielen Milliarden Atomen oder Molekülen darin nicht ein einziges genau diese Temperatur hat. Der gemessene Wert ist stets ein Durchschnitt aus der Summe aller Molekularbewegungen. Hierbei kann ein Teilchen gerade 273 Grad kalt sein, ein anderes 10000 Grad heiß. Die Summe all dieser chaotischen Wärmetänze der Bestandteile ergibt aber immer eine völlig konstant bleibende Temperatur, solange von außen keine Aufnahme oder Abgabe erfolgt (System Thermosflasche). Unsere Körpertemperatur bleibt auf ein Zehntel Grad konstant, normalerweise bei 37 Grad Celsius.

Vom absoluten Nullpunkt aus gerechnet, sind das 310 Grad Kelvin. Ein Abweichen von nur vier Grad nach oben oder unten bedeutet Lebensgefahr, ob wir uns in der Gegend des Nordpols befinden oder unter dem Äquator. So virtuos versteht die Schöpfung, mit dem Chaos umzugehen und es in geordnete und berechenbare Bahnen zu zwingen.

Nicht nur im kleinsten, dem atomaren Bereich gilt diese exakte Regelung. Seit viereinhalb Milliarden Jahren kreist unsere Erde um die Sonne. Was sie so unbeirrbar konstant in ihrer Bahn hält, ist ein Gleichgewicht zwischen Anziehung und Fliehkraft. Keine dieser beiden Größen aber ist auch nur einen Augenblick lang konstant. Die Umlaufbahn der Planeten ist nicht genau kreisförmig, sondern elliptisch. Daher ändern sich Anziehung, Umlaufgeschwindigkeit und

Fliehkraft ständig. Zudem ändert sich die Masse beider Himmelskörper und damit die Anziehung dauernd. Die Sonne strahlt große Mengen von Energie und Sonnenwind ab, beide fangen durch ihre Schwerkraft ständig Masse aus dem All auf. Für die Erde sind das täglich zwischen 1.000 und 10.000 Tonnen Meteoritenstaub nebst einigen größeren Brocken. Die Keplerschen Gesetze für die Berechnung der Umlaufbahnen können nicht die einzige Ursache dieser Jahrmilliarden dauernden Stabilität sein. Wir wissen nicht, was die Gestirne im All in ihren Bahnen hält. Aber ihre Konstanz ist Vorbedingung aller höheren Entwicklung. Wenn die Erde schon wegen der Gezeitenwirkung des Mondes immer langsamer rotiert und die Tage dadurch immer länger werden (vor 600 Millionen Jahren dauerte ein Tag nur 21 Stunden), so war das für die Entwicklung von Leben ohne merkliche Bedeutung. Anders aber ihr Verhältnis zur Sonne. Der kosmische Materialbeschuß entgegen ihrer Umlaufrichtung hätte in viereinhalb Milliarden Jahren eigentlich zu einer derartigen Abbremsung führen müssen, daß unsere Erde längst in die Sonne gestürzt sein müßte.

Die Evolution wird getragen von Macht, Intelligenz, einem Wollen und einem Ziel. Soweit wir heute erkennen können, ist das Ziel eine Schöpfung, die über sich selbst nachdenkt, die sich ihrer selbst bewußt wird. Nicht Leben als solches kann das Ziel sein, sondern nur das Mittel, dahin zu kommen. Die Nahrungskette zeigt, daß es nirgends um das Individuum geht, mag uns diese Erkenntnis auch noch so unangenehm sein. Auch die Erhaltung der Art dürfte nur ein Etappenziel sein, denn viele Arten starben schon aus. Sie dienten der Evolution eine Weile, dann wurden sie überflüssig und schieden aus. Das Ziel ist Bewußtsein. Sollte es einst andere, bessere Möglichkeiten geben, dieses Ziel zu verwirklichen, so würden auch wir Menschen überflüssig und würden aussterben. Natürlich möchten wir auf diese Frage eine begründete Antwort haben. Die Größe des Universums macht es möglich, daß wir heute schon diese Antwort finden können. Sie wird in einem der nächsten Kapitel behandelt.

Aller Fortschritt in der Natur wird durch eine recht einfache Methode erzielt, durch wachsende Integration. Sie begann mit der Konstruktion des Wasserstoff-Atoms. Diesen Sachverhalt herauszufinden, das war eine großartige Leistung vieler Generationen. Schon vor Beginn unserer Zeitrechnung diskutierten griechische Denker die Frage nach dem kleinsten Baustein der Welt. Wie weit kann eine Substanz zerlegt werden? Erst Ende des 19. Jahrhunderts wurde die Antwort durch die Forschung vieler Wissenschaftler gefunden: Die kleinsten Bausteine der Natur sind die Atome (von griech. *atomos* = unteilbar). Obwohl wir es inzwischen besser wissen, war diese Antwort völlig richtig. In der ganzen Natur setzt sich alles aus einer relativ kleinen Anzahl verschiedener Bausteine zusammen, die aber in unvorstellbarer Menge vorhanden sind. Das sind die Atome. Sie sind der Rohstoff der Natur, die mit diesen Bausteinen immer neue Kombinationen ausprobiert. Jedes der so entwickelten Produkte hat eine andere Wirkung auf die übrigen Produkte. Die Wirkung ist das Entscheidende und das Gewollte. Die unvorstellbare Vielzahl der Kombinationen führt zu einem Trommelfeuer gegenseitiger Wirkungen. Wir nennen dies »die Wirklichkeit«. Mit jedem Auftauchen neuer Kombinationen muß sich die Wirklichkeit ändern. Dabei verdrängt die bessere Qualität die weniger gut gelungene. Die Wirklichkeit wird immer leistungsfähiger.

Was wir hier erörtern, ist bereits die zweite Evolutionsstufe. Hier geht es um wachsende Integration, um leistungsfähigere Qualitäten zu schaffen, die einen höheren Wirkungsgrad auf die Wirklichkeit ausüben. Ein Regenwurm ist eben viel leistungsfähiger als eine Amöbe. Die zweite Stufe der Evolution arbeitet ausschließlich mit wachsender Kombination von Atomen. Mit dieser Methode wurden auch wir Menschen geschaffen.

In der ersten wurden die 92 verschiedenen Atome aus dem einen, dem Wasserstoffatom, gebildet. Das konnte nur bei ungeheuren Temperaturen und Drücken im Inneren glühender Sonnen geschehen. Nur dort können Atome gespalten und wieder zu anderen Atomen zusammengezwungen werden. Das galt bis zur Mitte des 20. Jahrhunderts. Hier nun greift der Mensch zurück auf die erste Stufe der Evolution und nutzt die kosmisch-gigantische Energie in den Atomen als Energiequelle für seinen technischen Fortschritt, aber auch zur Massenvernichtung von Artgenossen. Vermutlich sind sich die Befürworter der Atomstromherstellung nicht bewußt, daß hier ein Rückgriff auf die erste Evolutionsstufe geschieht, und die Auftraggeber von Nuklearwaffen wohl noch weniger. Ob wir damit nicht die uns von der Natur gesetzten Grenzen übersteigen? Es soll hier kein Wort gegen die Atomforschung als Grundlagenforschung gesagt werden, aber die Frage sei gestellt, ob wir uns ungestraft »göttliche« Machtausübung erlauben dürfen. Nicht etwa, daß uns eine Gottheit dafür bestrafte wie den armen Prometheus, der den Göttern das Feuer vom Himmel stahl und es den Menschen auf die Erde brachte. Bestrafen können wir uns immer nur selbst, wie sich in Tschernobyl zeigte, was sich jederzeit wiederholen kann, solange wir uns anmaßen, die Kernkräfte des Atoms mitten im empfindlichen Ökosystem der Erde freizusetzen.

Evolution ist Entwicklung in eine vorbestimmte Richtung, zu immer mehr Vollkommenheit, zu mehr Fähigkeit. Dies wird ermöglicht durch Integration. Wenn wir uns immer die Natur zum Vorbild nehmen würden, dann könnten wir nicht mutwillig zerstören (desintegrieren), was einen Großteil menschlicher Aktivität ausmacht, wie Herstellung von Kriegswaffen, dann ihre Anwendung wie überhaupt jegliche Kriminalität. Schöpferisches Bemühen ist auch im menschlichen Bereich mehr und mehr Integration von etwas, das zuvor weniger integriert war. In jeder Fabrik werden aus Rohstoffen Produkte von höherer Integrationsstufe hergestellt. Aus Sand, Kalk und Soda wird Glas für die verschiedensten Verwendungszwecke. Und auch unsere Intelligenz ist das Vermögen, aus möglichst vielen Details das Ganze, den Zusammenhang zu erkennen. Auch das ist Integration. Die Fähigkeit hierzu ist Intelligenz, die Ausübung dieser Fähigkeit das Denken. Was die Natur mit der Materie betreibt, das macht der Mensch in seiner wirtschaftlichen und geistigen Tätigkeit: beide versuchen und verwerfen wieder, bis die beste Lösung gefunden ist. Gleiches gilt auch in einer weiteren Hinsicht sowohl für die Evolution als auch für das menschliche Denken: beide benötigen ein Motiv hierzu. Kann es noch überraschen, daß auch dieses Motiv dasselbe ist? Bei beiden geht es um die »Erweiterung des Horizonts«, um Entwicklung von immer umfassenderem Bewußtsein.

Wir sind somit nicht nur körperlich, sondern ebenso auch geistig in die Natur eingebunden. Durch die identischen Motive und Ziele werden wir in irgendeiner Weise ebenbürtig, wir werden Partner, sofern wir uns nicht in Gegnerschaft zur Natur begeben, durch Aktivitäten, die desintegrieren, die zerstören.

DIE EVOLUTION DES BEWUSSTSEINS

Daß Entwicklung von Bewußtsein das Ziel der Schöpfung ist, wurde erstaunlicherweise schon lange vor unserer Zeitrechnung mit den damaligen geringen Grundkenntnissen erkannt.

»Am Anfang schuf Gott Himmel und Erde. Und die Erde war wüst und leer, und es war finster auf der Tiefe, und der Geist Gottes schwebte auf dem Wasser. Und Gott sprach: Es werde Licht! Und es ward Licht.«

Mit diesem Vers beginnt das »Buch der Bücher«. In allen Mythologien bedeutet Finsternis Unwissenheit, die Tiefe das Unbewußte und Licht das Bewußtsein. Es war des Schöpfers Wille, daß Bewußtsein sich entwickle. Wir, seine Geschöpfe, wünschen uns ja auch, daß uns »ein Licht aufgehe«, und wir wünschen uns »Erleuchtung«. Und jedes Kind möchte erwachsen werden und drängt heraus aus seiner Unbewußtheit zu immer mehr Bewußtsein. Das allererste Kapitel der Bibel, das 1. Buch Mose, 1. Kapitel, ist ein Schöpfungsbericht in Kurzfassung. Beim folgenden, dem 2. Kapitel, kann man stutzig werden. Hier wird der Mensch ein zweites Mal erschaffen, als habe der Berichterstatter bereits vergessen, was wenige Zeilen zuvor geschrieben steht.

Es widerspricht in seiner Tendenz völlig dem 1. Kapitel, wo Gott den Menschen erschaffen hatte und dann feststellen konnte, daß alles, was er gemacht hatte, sehr gut war.

Der Mythos von der Vertreibung aus dem Paradies wäre eine

hervorragende Darstellung der Schöpfung und ihres Zieles, wenn, ja, wenn da keine Auflehnung gegen Gott, keine Bestrafung und keine Scham über die Nacktheit zu lesen wäre. Vor wem eigentlich sollten sich Adam und Eva geschämt haben? Vor sich selbst? Vor dem Sexualpartner? Oder gar vor Gott? Das ist eine absurde Vorstellung. Ohne diese biblische Herabwürdigung des Lebens würde dieser Mythos etwa so zu lesen sein: Die Menschen lebten im Paradies, das heißt, in naturhaftem Zustand ohne Bewußtsein ihrer selbst, ohne die Fähigkeit des Erkennens. Es ist zusammen mit den Tieren und Pflanzen eine Welt der Einheit. Sie haben keine Möglichkeit, Fehler zu machen, sie sind für ihr Tun und Lassen nicht verantwortlich. Es gibt kein Wissen um Raum und Zeit. Jegliches Lebewesen fühlt sich in der Einheitlichkeit seines von der Natur gesteuerten Daseins geborgen.

Da wird Eva, stellvertretend für das aufdämmernde menschliche Bewußtsein, von der Schlange aufgefordert, sie solle von dem Baume der Erkenntnis essen: »So werden eure Augen aufgetan.« Die Schlange, die wie neugeboren aus ihrer alten Haut schlüpft, galt seit Urzeiten als Symbol der Wiedergeburt. Erst das Judentum sah in ihr ein Zeichen der Verschlagenheit und der Sexualität (welch eine Diffamierung!).

Eva bietet den Apfel auch Adam an, und beide essen so vom Baume der Erkenntnis. Damit erfüllen sie Gottes Willen aus dem 1. Kapitel Mose, daß es Licht werde. Nun sind sie in der Lage, sich ihrer Nacktheit, ihrer Sexualität bewußt zu werden. Damit aber sind sie zwangsläufig aus der paradiesischen Einheit, aus der tierischen Unbewußtheit herausgefallen, aus der Geborgenheit in eine Welt des Zweifels. Eva fühlt sich von der Schlange und Adam von Eva betrogen und verführt. Sie wissen nicht, daß der Weg der Entwicklung des Menschen identisch ist mit der Entwicklung seines Bewußtseins und daß dies ein sehr langer und mühevoller Weg sein wird. Denn der Mensch lernt offenbar nichts aus seinem Wohlergehen, sondern nur aus dem, was ihm Schwierigkeiten bereitet.

Die Schlange versprach jedoch noch mehr: »[...] daß ihre Augen aufgetan sein werden und sie werden sein wie Gott.«

Das Ziel der irdischen Entwicklung, das Ziel der Schöpfung und ihr Weg dorthin bis zur Erfüllung des Schöpferwillens ist in diesem Mythos in wenigen Worten aufgezeigt. Die Weisheit der Darstellung, die Komplexität ihrer Inhalte übersteigt alle Fähigkeiten des menschlichen Verstandes. Die Quelle dieser Weisheit ist offensichtlich dieselbe, welche auch unsere Träume gestaltet, wenn wir schlafen: das Unbewußte. Wer seine Träume zu deuten versteht, kann nur staunen über eine Intelligenz, welche alle menschlichen Fähigkeiten übersteigt, über die wir im Wachbewußtsein verfügen.

Im zweiten mosaischen Schöpfungsbericht wird die Entwicklung von Bewußtsein als Auflehnung gegen Gott dargestellt, als Sünde, als Schuldigwerden. Die Folge hiervon ist die Verdammnis, auch für jedes künftige Neugeborene.

Das Essen vom Baume der Erkenntnis ist die bildliche Darstellung der Menschwerdung. Ohne Erkennen der »eigenen Nacktheit«, ohne Erkenntnisfähigkeit, ohne Entwicklung von Bewußtsein stünde der Mensch noch immer auf der Stufe des Tieres. Im »Fall aus dem Paradies« geschieht keineswegs eine Auflehnung gegen Gott, sondern ganz im Gegenteil eine notwendige Voraussetzung für die Erfüllung des Schöpferwillens, eine gottgewollte Entwicklung.

Was aber kann der Nachsatz bedeuten, die Verheißung einer Identität von Gott und Mensch? Vielleicht kann man hier ganz Gegensätzliches herauslesen. Es kann eine Überheblichkeit darstellen, als Mensch sein zu wollen wie Gott. Das erinnert an die Nutzung der Atomkraft, durch die gefährliche Energien, wie sie sonst nur in Sonnen herrschen, in die Ökosphäre von Pflanzen, Tieren und Menschen herangeholt werden. Hier durchbrechen wir eine natürliche

Schranke und handeln, als seien wir wie die Schöpfung fähig, diese Kräfte zu beherrschen.

Es kann aber auch das Ziel der Evolution in dieser Verheißung geahnt sein, das den ganzen Kosmos umspannende Bewußtsein, durch das Schöpfer und Schöpfung zur Identität gelangen.

Mit den uns heute zur Verfügung stehenden Hilfsmitteln können wir das schon in diesem biblischen Mythos geahnte Ziel der Schöpfung viel genauer erkennen. Wir wissen schon recht detailliert, in welchen Etappen die Entwicklung bis heute vorangeschritten ist. Ebenso aber können wir auch ermessen, wie weit sie noch von ihrem Ziel entfernt ist. Ein Bewußtsein, das die Gefährdung oder Zerstörung aller Lebensmöglichkeit bewirkt, entspricht nicht dem bisher verfolgten Ziel. Galt es doch gerade, die Lebensmöglichkeit immer mehr abzusichern. Geriet die Evolution etwa in eine Sackgasse? Im Blick auf die täglichen Nachrichten in Presse und Funk liegt der Schluß nahe, daß die Kräfte der Zerstörung mittlerweile diejenigen des Aufbauens weit übertreffen. Die Konstruktion von Atombomben und ihr schon erfolgter Einsatz als Massenvernichtungsmittel lassen vermuten, daß das Böse über das Gute siegen wird. Die Folge einer solchen Beurteilung unserer Lage kann eigentlich nur ein »Rette sich, wer kann!« sein, wo jeder (fast) nur noch an sich selbst denkt.

Diese Beurteilung sieht die Welt aus dem Blickwinkel des Nutzens, den das Geschehen für uns hat. Diese Sichtweise spricht auch vom »bösen« Wolf, von der »dummen« Gans oder vom »Un«-kraut im Garten, weil es unserem Willen, was dort wachsen soll, nicht entspricht. Solche Beurteilung kennt die Natur nicht. Wenn wir die Welt als eine in Entwicklung begriffene erkennen, dann kann es nur eine mehr oder weniger fortgeschrittene Entwicklung geben. Dann ist sogar ein Mörder, ein Kriegsverbrecher letztlich nur ein Mensch mit noch wenig entwickeltem Bewußtsein, der noch einen engen Blickwinkel hat und alles nur danach beurteilt, inwieweit es ihm nützt. Er sieht nur den eigenen Vorteil und noch nicht die Interessen und Rechte der anderen. Statt von schlecht oder böse müßte man in diesem Fall richtigerweise von einem noch ungenügend entwickeltem Bewußtsein reden.

Welche Auswirkungen müßte diese Sichtweise auf unsere Gesellschaft haben und auf unsere Einwirkung auf die Umwelt, wenn sie Allgemeingut wäre. Dann würden wir auch wissen, daß unser derzeit so desolates Miteinander beziehungsweise Gegeneinander nicht von Dauer sein kann, daß es nur ein Durchgangsstadium ist. So sind die »Flegeljahre« eines Heranwachsenden auch kein endgültiger Zustand. Sie sind ein Übergangsstadium von der totalen Abhängigkeit des Kindes von der Erwachsenenwelt auf dem Wege zur Selbstverantwortlichkeit. Das ist eine für alle Betroffene schwierige Zeit. In einem solchen Übergangsstadium ist auch die Entwicklung von Bewußtsein in globalem Maße angelangt. Zu viele noch sehen nur ihre eigenen Interessen und haben kein Gespür für die anderen und die Umwelt. Ihr Verhalten muß zwangsläufig destruktiv sein.

Bewußtsein kommt von Wissen, es ist aber viel umfassender. Man könnte ein Lexikon auswendig lernen und sich damit einen großen Wissensschatz aneignen, aber sein Bewußtsein würde man auf diese Weise schwerlich erweitern. Dieser Begriff, der für unser Selbstverständnis und unsere Einwirkung auf die Umwelt eine so hervorragende Bedeutung hat, sei nun etwas näher angeschaut.

WISSEN UND BEWUSSTSEIN

Im Regenwald von Ecuador lebt ein Rest vom Stamme der Aucas. Sie jagen noch mit dem Blasrohr. Menschen dieser Entwicklungsstufe konnten der Erde niemals gefährlich werden. Sie leben in Harmonie mit der Natur, und ihr geistiges Weltbild befindet sich in Harmonie mit ihrer Technik.

Ganz anders verhält es sich mit den technisch hochentwickelten Völkern. Ihrer rationalen Technik entspricht noch ein Weltbild ähnlich dem der Aucas. Ihre Konfessionen ignorieren jegliche Rationalität, weshalb zwischen Macht und Geist kein Gleichgewicht mehr besteht. Hierdurch wird der moderne Mensch für die Erde so gefährlich: einerseits Computer, Satellitenprogramme aus dem Weltraum und Gen-Manipulation, anderseits noch immer ein magisches Weltbild, dessen technische Äquivalenz Pfeil und Bogen sind oder das Blasrohr wie bei den Aucas.

Vom Gläubigen wird das Kunststück verlangt, vor der Kirchentür seine Vernunft gleichsam an den Nagel zu hängen und gegen einen Glauben einzutauschen, der jeglicher Vernunft Hohn spricht. Und beim Verlassen der Kirche muß er den Tausch wieder rückgängig machen. Würde er dies nicht tun, so käme er wahrscheinlich kaum unversehrt auf die andere Straßenseite. Zur Überquerung der Fahrbahn benötigt er wieder die Vernunft.

Einen vernunftwidrigen Glauben gibt es erst mit Entstehung des Juden- und Christentums. Bis dahin lebten die Menschen in einem einheitlichen, vorwissenschaftlichen, magischen Weltbild, das erstmals von griechischen Philosophen in Frage gestellt wurde. Sie entwickelten die Logik und ein neues Naturverständnis. Doch die nachfolgenden hauptberuflichen Christen von Paulus bis zu den Päpsten der Neuzeit lehrten wieder die doch eigentlich längst überwundene Magie mit personifiziertem Guten und Bösen, die Aufhebung von Gottes Naturgesetzen durch »Wunder« und die Einschränkung seiner Macht durch den Teufel. Eine tiefe Verunsicherung der Gläubigen ist Folge dieser Vernunftwidrigkeit.

Unsere Technik ist längst der notwendigen geistigen Kontrolle entronnen. Gleichsam im Selbstlauf darf sie mit der Steigerung des jährlichen Bruttosozialprodukts im selben Maße weiter die Umwelt vergiften. Wie könnte die Umwelt heute aussehen, wenn die Führenden in Politik und Wirtschaft nicht in dem Zwiespalt lebten, daß geistiges und wirtschaftliches Leben zwei verschiedenen Welten angehören?

Was die Menschheit mittlerweile so gefährlich macht für Mutter Erde, ist die Diskrepanz zwischen Wissen und Bewußtsein. Dem hochentwickelten Wissensstand hält kein entsprechend entwickeltes Bewußtsein die Balance. Mit recht wenigen Ausnahmen entspricht noch heute menschliches Bewußtsein dem Niveau des Primitiven, weshalb sein Streben auf Separation, auf die unmittelbar sichtbaren eigenen Vorteile gerichtet ist. So nutzten die Ölmultis die Kuwait-Krise dazu, ihre ohnehin schon gigantischen Gewinne unermeßlich zu steigern, unbeeindruckt davon, daß viele Völker der Dritten Welt hierdurch in noch größere Not gerieten.

In dem von Menschen unbeeinflußten natürlichen Geschehen gibt es zwischen allem Streben und allen Aktivitäten ein Gleichgewicht mit der Folge immer höherer Entwicklungen und damit Integration. In diese Gesetzmäßigkeit war auch der frühe Mensch eingebunden. Mittlerweile aber verbraucht der Mensch das Erdöl, das die

Erde in Hunderten von Jahrmillionen ansammelte, in einem Zeitraum von zwei oder maximal drei Jahrhunderten. Für unsere Lufthülle, die Troposphäre, in der sich das Wetter abspielt, kommt dies einer explosionsartigen Störung gleich. Im Verhältnis zum Erddurchmesser von über 12.600 km ist sie mit ihrer Höhe von höchstens 17 km nur ein zarter Hauch. Auch Tschernobyl sollte uns ein Menetekel sein.

Bewußtsein ist immer auch Verantwortlichkeit für die Schöpfung. Seit dem Beginn der industriellen Revolution leben wir auf Kosten der künftigen Generationen. Genauer gesagt, leben wir schon auf Kosten der gegenwärtigen Lebewesen: die Vergiftung der Muttermilch, die nirgends mehr frei ist von Dioxinen und vielen anderen Giften, das Ansteigen von Allergien, Krebs und Atemwegserkrankungen seien doch Warnung genug. Für die Tierwelt kennt jeder die Bilder von Unmengen angeschwemmter Fische oder wahnsinnig gewordene Rinder, für die Pflanzenwelt mahnt das Baumsterben. Schon über die Hälfte aller deutschen Wälder sind krank oder abgestorben. Das sind wenige Beispiele für die heutigen Folgen. Welches werden die Folgen für unsere Kinder sein und für deren Kinder? Welche Luft sollen sie atmen, welches Wasser trinken?

Wer sich derart zum Herrn über die Erde aufgeworfen hat wie der Mensch, der trägt auch die volle Verantwortung für sie. Der erste Teil dieses Satzes entspricht einer Aufforderung der Bibel: »Macht euch die Erde untertan!« Von Verantwortung ist dort leider nichts zu lesen – nichts! Der Mensch folgte dem Ratschlag Moses' und beherrscht heute die Erde – verantwortungslos. Die gleiche Quelle erklärt auch die Feindschaft des Menschen gegenüber der Tierwelt als göttliches Gebot. Danach soll der Mensch der Schlange den Kopf zertreten, und sie ihm in die Ferse stechen (1. Mose 3,15).

Es hätte aber auch geschehen können, daß wir diese Erfahrung nicht erst durch die Zerstörung unserer Lebensgrundlage machen, sondern daß das Menschengeschlecht die Erfahrung seiner Zusammengehörigkeit macht, weil sich Bewußtsein im selben Maße entwickelte wie technische Fähigkeiten.

Die Weichen für die verhängnisvolle Entwicklung wurden gestellt, als das Christentum zur herrschenden Lehre wurde. Örtlich ist dies die Region nördlich des Mittelmeeres, des »mare nostrum« der Römer, denen dieses Meer gehörte zu einer Zeit, als diese Region zum geistigen Mittelpunkt der Welt geworden war. In diesem Raum entwickelte sich des Menschen Fähigkeit zur Beherrschung der Natur mittels der Technik. Nirgends sonst auf Erden errangen Menschen ein vergleichbares technisches Wissen. Von hier aus, dem späteren Europa, gelangte dieses Wissen durch die Auswanderer nach Nordamerika, und sie nahmen auch ihre Konfessionen mit. Sie haben es zur mächtigsten Wirtschaftskraft der Welt gebracht. Ihren materiellen Erfolg führen sie auf das sprichwörtlich gewordene amerikanische Credo zurück: »Jeder für sich!« So wurden Europa und die USA zu den technischen Zentren der Welt (Japan trat erst später als Industriemacht auf).

Ziel der Technik war ursprünglich, das Leben zu erleichtern, zu verschönern und zu sichern. Doch wenn wir heute die Nord- und Ostsee betrachten, die nahe am »Umkippen« sind, oder die vielen Wälder, in denen nur noch kahle Stämme zum Himmel ragen, so zeigt sich eine entgegengesetzte Wirkung der Technik.

Schon ist die Hälfte aller tropischen Regenwälder abgeholzt und abgebrannt, und wenn die Vernichtung so weitergeht, wird es in 50 Jahren – weniger als ein Menschenleben – keinen Regenwald mehr geben. Wir brauchen diese natürlichen Lungen um so mehr, als der Gehalt an Kohlendioxid in der Luft seit 1850, als sie noch eine für das Leben optimale Zusammensetzung hatte, um 25 Prozent gestiegen ist. So war sie vor über 60 Millionen Jahren, als noch die Saurier lebten. Dies ist eine Rückentwicklung in Richtung Uratmosphäre, die für alles Leben tödlich wäre. Jedes Auto, das sechs Tankfüllungen verfährt, hat damit soviel Kohlendioxid produziert, wie es selber wiegt!

Wer trägt die Verantwortung für diese Fehlentwicklung? Nehmen wir einmal an, in einer Schule gibt es zwei Lehrer für dasselbe Fach. Alle Schüler der einen Klasse bestehen die Abschlußprüfung, alle Schüler des anderen Lehrers fallen durch. Da können wir wohl den Schluß ziehen, daß das Versagen der einen Klasse an der Lehre lag. Auch für den frevelhaften Umgang des Menschen mit der Technik, mit der Natur, den Tieren und Mitmenschen kann letztlich nur die Lehre verantwortlich sein, die dem Menschen die nötigen Maximen für sein Tun und Lassen bieten sollte. Den größten Einfluß auf die ganze Menschheit hat das Christentum, es ist auch die größte Konfessionsgemeinschaft.

Diese Lehre gründet aber nicht auf Naturbeobachtung, sondern auf Glaube. Diesen Begriff verwenden wir in zwei ganz verschiedenen Bedeutungen wie etwa »Schloß«, womit man verschließen kann oder das bewohnbar ist. Glauben im alltäglichen Sinn ist Vermutung, ein Für-wahrscheinlich-Halten, weil man es nicht genau wissen kann. Das konfessionelle Glauben ist nur entgegen der eigenen Erfahrung und Vernunft möglich. Man weiß, daß kein Mensch auf dem Wasser gehen oder solches in Wein verwandeln kann. Weil man das aber im Rahmen eines kompletten Weltbildes autoritativ, als Kind von Erwachsenen, hörte, nimmt man das hin mangels der Möglichkeit oder Fähigkeit, sich ein eigenes Weltbild zu erarbeiten.

Ein konfessionell orientiertes Bewußtsein ist statisch, verträgt keine Veränderung. Der Inhalt eines konfessionellen Buches gilt über Jahrhunderte hinweg gleichermaßen. Das auf Erfahrung beruhende Bewußtsein ist indessen dynamisch, es will sich ständig erweitern. Bücher, die in seinem Sinne verfaßt wurden, sind in immer kürzerer Zeit überholt und nur noch von historischem Interesse. Das kann nicht anders sein, wenn Bewußtsein aus Informationen gebildet wird, die immer umfassender werden.

Wir sind Zeitzeugen einer technischen Entwicklung, die soeben in einem gewaltigen Sprung nach vorn begriffen ist. Der Grund ist die weltweite Vernetzung von Großrechnern, im Fachjargon »Datenautobahnen« genannt. Zwar hat unsere Informationsmöglichkeit jetzt schon eine noch vor wenigen Jahren nicht für möglich gehaltene Vielfalt erreicht, aber sie wird mit atemberaubender Geschwindigkeit weiterwachsen. Und wir haben begonnen, Kontakt mit extraterrestrischen Intelligenzen zu suchen. Vielleicht, sogar aller Wahrscheinlichkeit nach, ist solcher schon längst zwischen vielen Intelligenzen im All erfolgt. Und nun wollen auch wir Irdischen an dieser kosmischen Konferenzschaltung teilhaben.

INTERSTELLARE KOMMUNIKATION

Die Vorstellung von einer interstellaren Kommunikation ist keineswegs Phantasterei. Es wurden bereits große, teure Radioantennenanlagen errichtet mit dem Ziel, Botschaften aus dem All, von intelligenten Wesen ausgesandt, zu empfangen. 1977 schickten die USA die Raumsonde »Voyager 2« über unser Sonnensystem hinaus in den Weltraum mit Musikaufnahmen auf Tonbändern und einer Botschaft der UNO an ferne, unbekannte Intelligenzen: »Wir machen einen Schritt aus unserem Sonnensystem hinaus in das Universum und suchen Frieden und Freundschaft!«

Die US-Raumsonde »Pioneer 10« trägt seit dem 2.3.1972 eine vergoldete Aluplatte ins All, eine Visitenkarte der Menschheit für die Außerirdischen. Auf der Platte sind die Umrisse eines Mannes und einer Frau eingraviert im Größenverhältnis zur Raumsonde, ferner das Modell des Wasserstoffatoms und Angaben über Zeit und Ort der Absendung.

Hierzu schreibt S. von Hörner in GEO (Nr. 8/83):

»Jeder Meilenstein der Entwicklung ist durch eine neue Art der Informationsübertragung gesetzt worden. Leben, das sich selber fortpflanzt, begann mit dem genetischen Code und höheres Lebens mit dem zentralen Schaltwerk des Gehirns. Unsere menschliche Kultur basiert auf der Sprache und erweiterte sich durch die Schrift; und wie es scheint, stehen wir gerade an einer neuen Wende, zur künstlichen Intelligenz, durch Computer und Kybernetik. Ein ganz natürlicher Schritt wäre nun die Kontaktaufnahme mit interstellaren Nachbarn.«

Möglicherweise sind wir bereits eingetreten in diese Kontaktaufnahme. Es gibt einige wenige der vielen Berichte über UFOs, die durchaus ernst genommen werden können. Nicht, daß hier Wesen von anderen Sternen zu Besuch gekommen wären (sie würden sich ganz anders verhalten), aber es könnten von uns an den Himmel projizierte Eingebungen sein, die ausgelöst wurden durch telepathische Botschaften von Menschen aus dem All.

Ein interstellarer Nachrichtenverkehr ist mittels elektromagnetischer Strahlung kaum denkbar (noch viel weniger mittels Satelliten). Der Zeitbedarf ist viel zu groß. Auf Antwort müßte bestenfalls einige hundert Jahre, oft aber auch Jahrmillionen gewartet werden. Telepathie dagegen braucht zur Übermittlung keine Zeit. Falls nicht noch andere »zeitlose« Übermittlungswege gefunden werden, ist Telepathie das Mittel der Wahl. Die Evolution wird ohne Zweifel einen Weg finden oder schon gefunden haben, um dieses Ziel zu realisieren. Sie hat es noch immer vermocht, schier Unmögliches möglich zu machen, wofür unsere eigene Existenz nicht das schlechteste Beispiel sein dürfte. Denn wir sind die ersten Lebewesen, die nicht optimal an die Umweltbedingungen angepaßt sind. Wir sind es sogar denkbar schlecht. Weder unsere Körperkräfte noch Sinnesorgane sind für ein Überleben ausreichend. Das merken wir etwa, wenn wir von einem Hund angefallen werden. Aber die Schöpfung fand einen Weg, um den »fällig« gewordenen Bewußtseinsträger heranwachsen zu lassen. Je mehr sich unsere Vorfahren von einer guten Anpassung wegentwickelten, um so mehr entwickelte sich ihr Gehirn. Mangelnde körperliche Fähigkeiten wurden durch Geisteskräfte nicht nur ausgeglichen, sondern derart überkompensiert, daß wir die mächtigsten Geschöpfe wurden.

Irgendwann, vielleicht erst in Jahrmillionen, werden Nachfahren von uns Kontakt und damit Wissens- und Erfahrungsaustausch mit Außerirdischen betreiben, von denen viele vielleicht schon lange solchen Austausch mit fernen Welten hatten. Deren Wissen, das wir somit übermittelt bekommen, dürfte unseres unermeßlich übertreffen. Das Etappenziel »Bewußtsein« hat dann kosmische Dimension. Das kosmische Bewußtsein wird bezüglich Entwicklung und Funktion immer eine Gemeinschaftsleistung aller Intelligenzen sein, eine Funktion der großen Zahl hochqualifizierter Lebewesen.

Dann wird es nicht unsere willentliche Entscheidung allein gewesen sein, die uns zu Teilhabern am kosmischen Bewußtsein werden ließ, sondern auch, daß uns die Natur dazu ausersehen hat und wir mit unserem Forschen und Bemühen nur ihre ausführenden Organe sind. Eine solche Erkenntnis kann uns vor dem Fehlurteil bewahren, daß die Mittel für Weltraumforschung vergeudet seien, solange wir auf der Erde nicht die wichtigsten Probleme gelöst haben. Die Erkenntnisse dieser Forschung helfen mit, die Probleme auf der Erde zu lösen. Und sie fördern die notwendige internationale Zusammenarbeit und damit gegenseitiges Verstehen. Und schließlich ist uns die Forschung über unsere Verwurzelung im All als Aufgabe von der Evolution gestellt. Es ist kein Widerspruch hierzu, daß trotzdem jeder von uns die Wahl hat, durch sein Verhalten, durch seine Zielsetzung die Absicht der Natur nach seinen Kräften zu blokkieren oder zu unterstützen.

Die Astronomie hat als Maßstab kosmischer Entfernungen die Strekke gewählt, die ein Lichtstrahl in einem Jahr durcheilt. Wir wollen hier nicht diese Strecke in Kilometern benennen. Viel anschaulicher ist zu wissen, daß das Licht in einer Sekunde eine Strecke zurücklegt, die dem 7,5fachen Äquatorumfang der Erde entspricht. In einer Stunde ist diese Strecke entsprechend 3.600 mal so groß, in einem Tag nochmal das 24fache, und im Jahr noch einmal 365,25 mal so viel. Ein Lichtjahr entspricht einer Entfernung, die alle unsere Vorstellungen übersteigt. Wie weit müssen Galaxien entfernt sein, wenn ihr Licht bis zu uns Milliarden Jahre unterwegs ist? Und mit derart weit entfernten Intelligenzen soll es möglich sein, sich zu unterhalten? Mit irgendwelcher Strahlung wird es nicht nur wegen deren langen Reisezeit unmöglich sein, sondern schon deshalb, weil man sich mit irgendwelchen Morsezeichen nur dann verständigen kann, wenn man zuvor die Bedeutung der Zeichen vereinbaren konnte. Ohne dies kann nicht einmal erklärt werden, was rechts oder links ist und von welcher Seite her ein gesendeter Text zu entziffern ist. Das ist so, als wolle man einem Blindgeborenen den Unterschied von Rot und Blau erklären. Trotzdem ist die Frage, wie man sich mit Zeichen verständigen kann, bereits Gegenstand wissenschaftlicher Forschung. Fest steht aber, daß ein wechselseitiger Funkverkehr erst einmal in sehr zeitaufwendigem Erlernen der Modalitäten bestünde.

Liegt es da nicht viel näher, die Verständigung mittels Telepathie zu betreiben? Gedanken, Empfindungen, Vorstellungsbilder (Imaginationen) benötigen keine Zeit zur Übermittlung. Sicher wird es uns schwerfallen, uns ein Ferngespräch mit einem Nachbarn oder gar mit Bewohnern anderer Gestirne nur durch Telepathie zu denken. Vielleicht aber liegt gerade hier unser nächster Entwicklungsschritt. Wir wissen, daß unser Großhirn nur zu etwa 10 Prozent ausgelastet ist. Welchen Sinn sollte es haben, ein so kompliziertes Organ auf zehnfachen Zuwachs zu entwickeln, wenn nicht für eine Fähigkeit, die außerordentlich wichtig, aber erst ganz rudimentär angelegt ist? Hier dürfte sich auch die Frage beantworten, ob zum kosmischen Bewußtsein irgendwann einmal auf Menschen verzichtet werden kann. Die enorme Kapazitätsreserve unseres Hirns und der Ausschluß aller technischen Transportmittel für Information erlauben uns den Schluß, daß die Evolution nur mit Menschen das Etappenziel kosmisches Bewußtsein erreichen kann.

GRUNDLAGEN DER MATERIE

Wenn wir so viel über das Weltall sprechen, so sollten wir uns auch eine Vorstellung davon machen können. Ist es unendlich? Oder endlich? Wie ist es dann begrenzt? Ein Bretterzaun am Ende der Welt? Können wir hierauf eine Antwort finden, ohne daß jemand dort war? So alt wie die Menschheit ist auch der Wunsch, auf diese Frage eine Antwort zu bekommen. Wer seinen Wohnort in eine andere Gegend verlegen muß, wird bald auch seine Nachbarn kennenlernen wollen und die Umgebung. Je besser man die nähere und weitere Umgebung kennt, um so heimischer wird man sich fühlen. So liegt es nahe, daß wir uns nur in einem Weltall wohl und geborgen fühlen können, von dem wir auch eine Vorstellung haben, sofern sie uns sympathisch ist.

Die Vorstellung, die Welt könne am Ende mit einem Bretterzaun vernagelt sein, entstammt der Vorstellung von einer Scheibe. Nur sie, nicht eine Kugel könnte vernagelt sein. Diese Vorstellung kann also ausscheiden. Bleibt die Frage, ob sie endlich oder unendlich ist. Das Weltall ist die Summe aller Materie. So ist die Frage zuvor zu stellen, was Materie ist. Ganz allgemein gesagt ist sie das Begrenzte, das Geformte, das Endliche. Das ist das Gegenteil des Unbegrenzten, des Ungeformten, des Unendlichen. Was aber keine Grenzen, keine Form, kein Ende hat, das ist Nichts. So vermuten wir, daß die Schöpfung aus dem Nichts das Etwas geschaffen hat. Die Gründe hierfür mögen uns für immer verschlossen sein. Aber wir stellen fest, daß etwas ist und daß dies begrenzt und damit geformt ist – eben wie alles, was aus Materie ist.

Was ist Materie? Nun, alles was man sehen und anfassen kann. Gewiß, aber Röntgenstrahlen etwa können wir weder anfassen noch sehen. Wir stellen sie nur an ihrer Wirkung fest. Doch sie gehören zur Materie. Materie baut den Bereich der Wirklichkeit auf, im Unterschied zum Geistigen, zum Immateriellen. Aber auch Geistiges wirkt auf Materie ein, etwa, wenn wir vor Scham erröten. Auch Nichtmaterielles wirkt somit auf Materie ein. Ein Lexikon definiert Materie wie folgt: »Materie ist der Stoff, der einen ihm zur Verfügung gestellten Raum ausfüllen kann und eine bestimmte Masse besitzt.« Zum Nachteil dieser Definition gibt es aber auch Materie ohne Masse. Vielleicht bezeichnen wir sie besser mit dem Atom, seiner Gesamtheit im Kosmos und was hiervon an Wirkung ausgeht. Das ist die materielle Welt, die Materie.

Dieses Wort kommt vom lat. *mater* = Mutter. Wir sprechen auch von »Mutter Erde«. Mutter ist hierbei das Synonym für Zutrauen, Nähe, Geborgenheit. Hier könnte man vom Thema abschweifen und schauen, wie weit wir es bisher gebracht haben. Wer fühlt sich heute durch die Umwelt nicht auch bedroht, und nicht etwa nur geborgen? Doch hier geht es um die Materie. Sie besteht aus nichts anderem als aus Atomen. Diese haben in der Mitte eine Kugel, den Kern, und darum herum kreisen in rasendem Tempo Elektronen, eins oder auch mehrere. Kreis und Kugel bestimmen den Aufbau jeden Atoms und somit den Aufbau der materiellen Welt, der Schöpfung. Sie sind gleichsam das Symbol für die Schöpfung.

Kreis und Kugel sind noch in einem weiteren Sinne Symbol für die Schöpfung, und nicht nur das, sie sind die Grundlage dafür, daß diese Welt möglich wurde.

Der Kreis gehört der Endlichkeit an, der Begrenzung. Er hat einen Durchmesser und ist somit meßbar, begrenzt. Zugleich aber kann eine Bewegung entlang seiner Kreisbahn beliebig lange erfolgen, ohne jemals an ein Ende zu stoßen. Das ist Unbegrenztheit. Dasselbe gilt für die Kugel, doch nun nicht in zwei, sondern in drei Dimensionen. Auch sie hat einen Durchmesser und ist somit ein Produkt der Endlichkeit; und auf ihrer Oberfläche ist eine Fortbewegung geradeaus oder nicht geradeaus beliebig lange möglich, ohne je an ein Ende zu stoßen. Damit ist die Kugel zugleich auch Unendlichkeit.

Kreis und Kugel überbrücken die Alternative »endlich – unendlich«, wodurch unvereinbare Gegensätze überbrückt wurden. Hier wurde das Unmögliche möglich. Nur durch ihre Form konnte das Universum, die materielle Welt entstehen. Und daher ist ihre Form Grundlage aller materiellen Existenz.

Die gesamte Materie ist also aus Kreis und Kugel aufgebaut. Im Atom, dessen Kern eine Kugel ist, kreisen die Elektronen in einer Kreisbahn um diese Kugel. Und alle Materie, ob fest, flüssig oder gasförmig, ist aus Atomen aufgebaut. Und wie oben – so unten, und wie unten – so oben: runde Gestirne wie die Erde umkreisen eine Kugel (die Sonne) in Kreisbahnen. Hier hat uns der Schöpfer vorgeführt, wie Unendlichkeit, die vor der Schöpfung identisch war mit dem Nichts, das Nichts überwindet.

Der Kreis überbrückt außer der Unvereinbarkeit von Unendlichkeit mit Endlichkeit eine weitere Unvereinbarkeit, was ebenfalls für die Konstruktion der Schöpfung von grundlegender Bedeutung war: Fortbewegung ohne Standortveränderung. So mag ein Zirkuspferd noch so lange im Kreis traben und viele Kilometer zurücklegen, es verläßt dabei den Ort seines Wirkens nicht. Dieses Paradoxon ermöglichte dem Schöpfer die Konstruktion des Atoms, innerhalb welchem sich die Elektronen in rasender Geschwindigkeit um den Atomkern drehen. Der Sinn liegt folglich in Fortbewegung und in Bewegung. Bewegung auch ohne Standortveränderung ist ein

Wirkungsprinzip des Atoms. Wird nun solche Konstruktion bewegt, so ergibt sich die Spirale, welche wir wiederum als ein essentielles Merkmal der Schöpfung erkennen, etwa in der Doppelhelix jeder Zelle wie auch in den Spiralnebeln, vom Kleinsten bis zum Größten.

Die Kreisform ermöglicht das Wunder der Schöpfung, die Vereinigung von Unvereinbarem.

Kreis und Kugel sind die Grundlagen und auch Grundformen der Materie und somit der Wirklichkeit. Da liegt es nahe, auch für das Weltall die Kugelgestalt anzunehmen. Denn das Wesen der Wirklichkeit ist Begrenzung. Etwas, das seinem Wesen nach begrenzt ist, kann nicht unbegrenzt sein. Die Kugelgestalt bietet uns auch die Möglichkeit, uns die Form wie auch die Begrenzung des Alls vorzustellen.

Ein kleines Wasserteilchen im Meer kann sich in allen drei Dimensionen bewegen, den beiden Waagerechten und in der Senkrechten. Das gilt für jedes Teilchen, mit Ausnahme derjenigen, die sich gerade an der Wasseroberfläche befinden. Für sie ist die Bewegungsmöglichkeit in der Senkrechten nur halb so groß, nämlich in Richtung der Schwerkraft. In die Gegenrichtung, nach »oben«, ist kein Weg frei. Das Wasser ist an das Volumen der Kugel gebunden. Selbst unter Berücksichtigung der Verdunstung bildet die Lufthülle eine obere Grenze, welche die Erdkugel ebenfalls kugelförmig umgibt. Kein Bretterzaun hindert ein Wasserteilchen oder sonstige Materie daran, eine bestimmte Entfernung vom Erdmittelpunkt zu überschreiten, nur die Schwerkraft, die Gravitation. Sie hält zusammen, was zur Erde gehört. Und genauso ist es mit dem Weltall. Seine Gravitation beschneidet die Bewegungsfreiheit aller Materie, die sich an seiner Grenze befindet, in der Senkrechten und gestattet sie von dieser Grenze an nur in Richtung zum Mittelpunkt des Universums. In der Gegenrichtung kann diese Grenze nur durch unsere Gedanken überschritten werden, die damit in den Bereich eindringen, wo es keine Wirklichkeit gibt, keine Begrenzung, der somit identisch ist mit dem Zustand vor der Schöpfung, mit dem Nichts, dem Unbegrenzten, dem Unendlichen.

Diese Überlegungen können uns Antwort geben auf die Frage nach der Form des Universums. Es muß kugelförmig sein. Wo Gravitation eine Ansammlung von Materie zusammenhält, wie bei der Sonne oder jeder Seifenblase, da strebt sie zur Kugelform. Das gilt für die Meeresoberfläche ebenso wie für unsere Lufthülle. Es gilt für die Gesamtheit von allem. Das Universum ist kugelförmig. Somit ist das Kleinste, das Atom, ein Abbild des Größten, des Alls, und das Größte ist Abbild des Kleinsten. Alles ist Harmonie.

Wenn auch die Größe des Universums für unser Begreifen viel zu groß ist, so kann uns die Gewißheit, daß wir Erdenbewohner nicht die einzigen denkenden Wesen sein können, sondern daß es überall »Verwandte« gibt, richtig heimelig zumute werden lassen. Wir sind nicht allein! Anderseits hätte die Vorstellung von einem unendlichen Universum etwas Geisterhaftes an sich. Wir müßten uns darin vorkommen wie Kinder allein im dunklen Wald: unheimlich, unergründlich, verloren.

Ein endliches Universum ist berechenbar. Wir kennen inzwischen seine gesamte Masse und seinen Energie-Inhalt. Es wirkt in einem berechenbaren Ablauf auf ein Ziel hin, das erkennbar ist. Dabei haben wir eine Hauptaufgabe zu erfüllen. Die hochintelligente Kraft, die hinter der Entwicklung steht, sie braucht uns, um ihr Ziel zu erreichen. Was für eine gegensätzliche Perspektive zum konfessionellen Weltbild! Dort ist Aufgabe des Menschen ein gottwohlgefälliges Leben zu führen, um dafür belohnt zu werden. Ansonsten droht Bestrafung durch ewige Verdammnis. Man schaue sich doch nur einmal die »Seligpreisungen« an (Matth. 5,3-9). Immer wird für Gutes tun die Belohnung verheißen. Wer aber nicht aus Berechnung, sondern aus Menschlichkeit im guten Sinne Gutes tut, verlangt dafür keinen Lohn wie ein Kind, das noch nicht vom kommerziellen Denken verdorben wurde und seiner Mutter hilft, ohne nach Lohn zu fragen. Alles Bemühen um Integration, sei es materiell oder geistig, muß sich auf weitere Integration von Bewußtsein auswirken. Alles desintegrative Wollen und Tun, alle Separation muß sich diesem Ziel entgegenstellen. Mit anderen Worten: Wir haben eine Mitverantwortung für die Schöpfung. Wer sich dieser Mitverantwortung bewußt wird und sie willig, nach seinen Kräften und Möglichkeiten trägt, wird damit zum Partner seines Schöpfers.

Weshalb wohl schuf die Schöpfung nicht als ein fertiges Endprodukt, was sie in Jahrmilliarden entwickelt? Auch diese Frage läßt sich heute aus naturwissenschaftlicher Erkenntnis beantworten: Sie konnte nicht.

Das Wissen, daß alles nicht nur auf strenger Gesetzmäßigkeit, wie Gravitation oder den Naturkonstanten, beruht, sondern daß die Entwicklung ebenso auch den Zufall benötigt, wie etwa die Mutationen, das gestattet uns diesen intimen Einblick in die Schöpferwerkstatt. Ein Regenwurm, eine Biene oder ein Mensch konnten einfach nicht »auf Anhieb« aus dem »Nichts« heraus erschaffen werden. Dazu benötigte die Schöpfung endlose Versuche, von denen die allermeisten scheiterten. Das ist nicht anders als bei unseren Entwicklungen, etwa vom Faustkeil bis zum Industrieroboter. Auch dieses Ergebnis ist allem konfessionellen Glauben entgegengesetzt. Es ist kein »unermeßlicher Ratschluß Gottes« nötig, wenn wir von unseren Kindern gefragt werden, weshalb Gott nicht das Hungern und Morden auf der ganzen Erde unterbindet. Wir wissen, daß Gott oder – um diese Vermenschlichung zu vermeiden – daß die Schöpfung niemanden an einer direkten Aktion hindern kann. Sie sorgt aber dafür, daß sich das Bewußtsein ändern wird, aus dem heraus das alles geschieht.

Die Verantwortung kann nicht auf die Schöpfung abgewälzt werden, wir selbst sind es, die sie tragen.

Viele destruktive Eigenschaften kennzeichnen unsere heutige Gesellschaft. Auch schon vor 2000 Jahren war das menschliche Miteinander notleidend, wenn auch längst nicht in solchem Ausmaß wie heute. Damals erhofften sich die Unterdrückten Rettung durch einen Messias. Die Bibel verspricht dessen Erscheinen für die nahe Zukunft (z.B. Jes. 52,7 im Alten und Matth. 3,2 im Neuen Testament). Hierauf beruht das Christentum, dessen zentrale Botschaft allen Menschen Frieden und Heil schon für die Gegenwart verheißt, sofern sie an Jesus Christus, den Messias, glauben. Diese »frohe Botschaft« wird Evangelium genannt. Seine Erfüllung mußte, weil sie nicht eintraf, immer wieder auf einen späteren Zeitpunkt verschoben werden und letztlich auf das Jenseits. Nun konnte eine solche Voraussage durch die Ereignisse nicht mehr widerlegt werden.

Doch immer mehr Menschen erkennen die Einheit der Schöpfung, die Identität von Geist und Materie. Im antiken Griechenland, woher viele unserer heutigen Begriffe stammen, bezeichnete das Wort »Idee« sowohl Urbild wie auch Form und Beschaffenheit. Das Erkennen dieser Einheit macht einen persönlichen Messias überflüssig. Die Erkenntnis von der Einheit all dessen, was ist, befreit von allen negativen Vorstellungen und Erwartungen. Diese Erkenntnis ist der Messias, auf den Hunderte von Generationen vergebens gewartet haben. Wer auf diesen Messias hört, wer aus der Erkenntnis der Einheit die Konsequenzen zieht und sein Leben danach orientiert, wer sich mitverantwortlich weiß für die Schöpfung und dadurch seinen eigenen Wert erkennt, der erhält eine ungeahnte Sicherheit in seinem Leben. Gespenster und Teufel, irrationale Ängste und Minderwertigkeitsgefühle verschwinden. An ihre Stelle treten ein warmes Vertrauen in die Schöpfung und somit in das eigene Dasein.

WIRKLICHKEIT

Wir sehen die Welt nicht so, wie sie ist. Die materielle Welt besteht nicht aus Licht und Farben, eine Rose ist nicht rot und duftend, der Himmel nicht blau oder drohend schwarz. Alles ist nur ein Tanz von Atomen, deren Abstand voneinander sich zu ihrer Größe verhält wie die Erde zur Sonne – dazwischen leerer Raum. Nichts Festes existiert. Selbst eine Betonmauer ist eine Anhäufung winziger Partikel im sonst leeren Raum. Würden wir die materielle Welt plötzlich erkennen wie sie ist, würden wir tödlich erschrecken! Auf Aristoteles geht die Erkenntnis zurück, daß wir solchen Anblick wohl nicht ertragen könnten: Der »horror vacui« ist der Schauder vor der Leere.

Oft liest oder hört man in recht abfälliger Weise, daß wir nur Maya, einen Schleier, eine Scheinwelt erleben und die Wirklichkeit nicht sehen können. Weshalb hierüber in abfälliger Weise sprechen? Da baut jemand ein Haus, die ganze Familie baut mit. Jahrelang wird hart gespart, geplant, verworfen, gearbeitet. Und irgendwann ist es dann so weit: Umzug aus der Enge ins eigene Heim. Eine sonnige Terrasse, praktische Küche, schönes Bad, und jedes Kind hat sein eigenes Zimmer.

Nun kommt jemand und sagt: Dieses Haus ist Maya, eine Täuschung. In Wirklichkeit sind das alles nur Steine und Zement, Nägel und Moniereisen, Textilfasern und Papier, Leim und Farbe. Ein anderer kommt, der weiß es noch besser: Zement und Nägel? Nein, das sind nur Atome, winzige Punkte im sonst leeren Raum. Und letztlich sagt uns noch jemand, daß auch dies nicht stimme, es gäbe nur Wellen, Schwingungen, reine Energie. An der wissenschaftlichen Erkenntnis ist nicht zu zweifeln. Doch wenn letztlich alles nur Schwingung ist, so ändert dies nichts daran, daß sich hieraus etwas bildet, das für Menschen ein gemütliches Heim darstellt, das Sicherheit und Geborgenheit bietet.

Dieses Beispiel wurde angeführt, um zu zeigen, daß die materielle Welt eben nicht »in Wirklichkeit« nur eine Vielzahl von Atomen oder Schwingungen ist. Das ist sie ohne Zweifel. Aber diese sind *nicht* die Wirklichkeit. Die Atome, die Schwingungen sind nötig, um die Wirkung zu erzielen. Letztlich kommt es gar nicht auf die Bausteine an. Diese sind nötig, um das hervorzubringen, worauf es ankommt, auf die *Wirkung*. Entscheidend sind nicht die Backsteine und der Zement, sondern das Haus.

Die Wirklichkeit besteht nicht aus Atomen oder Schwingungen. Die Wirklichkeit ist die Wirkung! Und jedes Lebewesen erlebt die objektive, für alle Wesen gleiche Umwelt anders. Hieraus resultiert der wunderbare Reichtum der Schöpfung. Zugleich ist dies aber auch der Grund für die Unterschiedlichkeit und Gegensätzlichkeit menschlicher Ansichten. Da fragt es sich, ob unsere Erkenntnisse überhaupt Objektivität beanspruchen können. Allein die Tatsache, daß wir viel mehr an Informationen erhalten als ein Regenwurm, der nur Hell und Dunkel unterscheiden kann, weil Licht für ihn eine tödliche Bedrohung darstellt, macht unsere Erkenntnisse noch nicht richtiger. Der Wurm ist in gleicher Weise auf die reale Welt zugeschnitten wie wir. Es liegt nicht in unserem Belieben, wie die Umwelt auf uns wirkt. Wir wurden so konstruiert, daß die Umwelt so und nicht anders auf uns wirkt. Daher ist diese Wirkung für uns die Wirklichkeit. Sie ist uns vorgegeben. Allerdings mit einem entscheidenden Unterschied zum Wurm und zu aller sonstigen Kreatur: Wir können über die Wirklichkeit hinausdenken, wir können sie transzendieren. Und wir können sie hinterfragen. Das geschieht in der Naturwissenschaft, wo unsere Erkenntnisse ständig überprüft und erweitert werden. Niemals hätten irdische Wesen den Mond betreten können, wenn die dort herrschenden Umweltverhältnisse nicht zuvor objektiv richtig erkannt worden wären. Dieses Beispiel zeigt uns aber auch, daß wir zu objektiv richtigen Erkenntnissen kommen, obwohl wir auch heute erst einen verschwindend kleinen Ausschnitt aus der tatsächlichen Welt kennen. Richtige Erkenntnisse sind somit immer Teilerkenntnisse, die wir dann dazu verwenden können, noch Zweifelhaftes zu überprüfen. Wie sehr solche Überprüfung nötig ist, kann am Beispiel der Zeit verdeutlicht werden.

DIE STRUKTUR DER ZEIT

Seit Entstehung der Bausteine der Welt geschieht alle Veränderung, alle Entwicklung in der jeweiligen Gegenwart. Was heute längst Vergangenheit ist, war einmal Gegenwart. Diese ist somit vergänglich, sie dauert nur eine gewisse Zeit. Wie lange dauert eigentlich die Gegenwart? Sie ist doch die Zeit, in der sich unser ganzes Leben abspielt. Wenn wir eine Antwort auf diese Frage suchen, dann zeigt sich, daß Gegenwart uns um so mehr entgleitet, je genauer wir sie zu fassen suchen. Sie ist aber eine Vorbedingung für unsere Existenz, für Existenz überhaupt.

Gegenwart ist das »Noch nicht« der Zukunft und das »Nicht mehr« der Vergangenheit. Sie ist der Umschlagpunkt von Zukunft zur Vergangenheit. Die nächste Stunde ist noch Zukunft, sie kommt erst auf uns zu, existiert noch nicht. Und was vor einer Stunde war, ist Vergangenheit, ist unwiderruflich vorbei, hat keine Existenz mehr. Dazwischen muß irgendwo die Gegenwart liegen. Sie kann aber nicht zwei Stunden lang sein. Im Sport messen wir die Hundertstelsekunden. Die nächste dieser kurzen Zeitspannen ist noch Zukunft, die vorige schon Vergangenheit. Doch auch das ist noch lange nicht die Dauer der Gegenwart. In der Physik rechnet man mit Milliardstelsekunden. Sollte die Dauer der Zeit, die jeweilige Gegenwart, etwa unendlich kurz, also zeitlos sein?

Das widerspricht entschieden unserer Erfahrung. Wir erleben Gegenwart als die Zeit, in der sich unser ganzes Leben abspielt.

Tatsächlich aber wird dieses nicht vom jeweiligen Zeitpunkt (ein Punkt hat keine Ausdehnung!) bestimmt, sondern von unseren Erfahrungen aus der Vergangenheit und unseren Erwartungen an die Zukunft. Unser jeweiliges Erleben wird ganz anders sein, wenn wir morgen in Urlaub reisen, als wenn wir uns dann einer schweren Operation unterziehen müssen. Je weiter etwas zurück oder voraus liegt, um so weniger wird das unsere Gegenwart bestimmen. Der Tod des Gefährten ist in den ersten Wochen viel drückender als nach Jahren.

Gegenwart ist neben unseren Erwartungen die Summe der Erinnerungen, die wir noch nicht verarbeitet haben. Mit ihrer Verarbeitung werden sie dann zu unserer Vergangenheit. Manchmal gelingt uns aber eine Verarbeitung nicht, wir werden damit »einfach nicht fertig«. Das kann sehr störend sein für die Meisterung der Gegenwart, denn wir schleppen dann Ballast mit uns herum. Ganz schlimm wird es, wenn das Erlebte derart fürchterlich war, daß wir uns nicht einmal mehr daran zu erinnern wagen, wenn wir es verdrängen. Da kann oft nur noch ein Psychiater helfen, das Verdrängte wieder zu erinnern, uns wieder damit zu konfrontieren. Das Verdrängte wirkt auf uns ein wie Heckenschützen: man kann sich gegen die Angriffe aus dem Verborgenen nicht wehren.

Was wir verdrängen, waren sehr unangenehme Erfahrungen. Angenehme verarbeiten sich gewissermaßen von selbst, da verdrängen wir nichts. Sie können zur Erinnerung werden oder auch in Vergessenheit geraten, ohne zu stören. Unangenehme Erlebnisse dagegen werden immer stören. Das hört erst auf, wenn wir sie verarbeiten. Wie kann das geschehen? Hierzu gibt es nur eine einzige Möglichkeit: Wir müssen das Gewesene, so fürchterlich es auch gewesen sein mag, wie etwa eine Vergewaltigung, bejahen lernen. Es gibt keine andere Möglichkeit, um mit einer solchen Dauerbelastung fertigzuwerden und sie zu überwinden. Es ist geschehen und läßt sich nicht rückgängig machen. Nun müssen wir bejahen, was so entsetzlich war und noch ist.

Bejahen ist etwas ganz anderes als Gutheißen. Niemals können wir eine Vergewaltigung gutheißen. Aber wir können sie bejahen. Das ist Verzicht auf eine Wertung nach »gut« und »böse«, das ist die Einsicht, daß es Menschen mit noch sehr niederer und andere mit sehr hoher Bewußtseinsstufe gibt. Bejahen, das ist der Verzicht, Menschen mit noch geringer Menschlichkeit einen Vorwurf daraus zu machen, so wenig, wie wir einem Schulkind vorwerfen können, daß es noch nicht die höhere Mathematik versteht. Erst dann haben wir das Geschehene verarbeitet, es wird zur Vergangenheit – und wir sind daran gereift.

Der Umschlagpunkt von Zukunft zur Vergangenheit läßt sich unendlich klein, also zeitlos denken, wie es die Sprache auch ausdrückt (Zeitpunkt). Doch das kann nicht sein, denn Zeit ist an Bewegung gebunden, die eine meßbare Größe hat. Aus diesem Dilemma hilft uns die Quantentheorie. Danach kann eine Energiemenge nicht beliebig verkleinert werden. Jeder Energiewert besitzt eine bestimmte Größe oder ein Vielfaches davon. Und das gilt auch für alle übrige Existenz.

Wie Energie nicht in beliebig kleinen Mengen aufgenommen oder abgegeben werden kann, ist auch Fortbewegung nur in kleinsten Sprüngen möglich. Diese sind derart winzig, daß sie für unsere Sinne selbst dann nicht wahrnehmbar wären, wenn sie viele Milliarden Mal größer wären. Doch, so winzig sie auch sein müssen, sie können nicht »unendlich« klein sein.

Sollte der Ablauf der Welt, sollte alles Geschehen nicht kontinuierlich, sondern sprunghaft erfolgen? Wir erleben Zeit und Bewegung doch als fließend. Gewiß, und das erleben wir ebenso, wenn wir uns im Kino einen Film ansehen. Alles, was sich dabei scheinbar so gleichmäßig bewegt, sind 24 stehende Einzelbilder in jeder Sekunde. Jedes leuchtet für einen Sekundenbruchteil als stehendes Bild auf, danach wird es wieder dunkel, bis das nächste Bild kurz erscheint. Durch die rasche Bildfolge bemerken wir die Unterbrechung nicht, und wir haben den Eindruck einer gleichmäßigen Bewegung.

Nicht anders muß es sich in der Natur verhalten. Ihr Bewegtsein empfinden wir ebenso als fließend wie im Kino, obwohl es dort wie im ganzen Universum keine Kontinuität gibt, sondern nur Sprünge. Wenn ein Blitz die Nacht erhellt, dann existiert die Welt, wie sie vor dem Zucken des Blitzes war, nicht mehr. Das ist Vergangenheit, hat keine Existenz mehr. Und sogleich, wenn es wieder dunkel ist, hat alles, was erhellt war und mit diesem zugleich existierte, keine Existenz mehr. Existenz oder Realität – was dasselbe ist – hat nahezu keine Dauer. Hieraus folgt zwangsläufig, daß zwischen jeweils zwei Phasen von Existenz eine solche von Nichtexistenz liegt. Demnach wird Materie und somit unser Universum ständig von neuem erschaffen.

Dieses Naturverständnis ist dem konfessionellen diametral entgegengesetzt. Die Schöpfung geschah nicht irgendwann ein für alle Male, sondern sie ist ständiges Ereignis. Demnach erfolgt Bewegung, weil jedes materielle Teilchen, sofern es als bewegt erscheint, in der folgenden Existenz-Phase an einem anderen Ort erschaffen wird. Wie lange dauert da ein Intervall vom Beginn einer Existenz bis zur nächsten? Messen läßt sich dies naturgemäß nicht, denn jedes Meßgerät hat wie alle Materie in deren Nicht-Existenz-Moment dieses ebenfalls. Berechnen jedoch läßt sich die Dauer. Sie muß mindestens doppelt so kurz sein wie das uns bekannte kürzeste Naturgeschehen, die Schwingung der Höhenstrahlung. Hieraus läßt sich die Wegstrecke errechnen, die ein Teilchen zwischen zwei Existenzen höchstens zurückgelegt haben kann. Das ist eine unvorstellbar geringe Entfernung.

Die hier getroffene Feststellung ist eine Hypothese und damit niemals beweisbar, so wenig wie ihr Gegenteil. Eine Hypothese gilt jedoch um so wahrscheinlicher, je mehr beziehungsweise je grundsätzlichere Naturerscheinungen sie erklären kann. Die Konstanz der Lichtgeschwindigkeit etwa, die stets gleich ist, unabhängig vom Bewegungszustand der Lichtquelle, ist unter der Annahme einer gleichförmigen Bewegung der Materie ein Rätsel, das den Forschern schon viel Kopfzerbrechen gemacht hat. Dieses Phänomen wird jedoch sofort erklärlich durch die Annahme, daß die Materie während der Emission eines Lichtquants unbeweglich ist. Viele weitere Naturerscheinungen lassen sich mit unserer Hypothese erklären, die sonst unerklärlich sind. Für unser Weltbild ergeben sich nun Konsequenzen von großer Tragweite.

Mit weiteren naturwissenschaftlichen Folgerungen brauchen wir uns hier nicht zu beschäftigen. Wichtig ist nun die Frage, welche Kräfte eine Bewegung überhaupt verursachen. Wenn das »Gott sprach« nur bei der Entstehung der Welt und später nur einige wenige Male geschah, und als Machtwort, dann haben wir als Menschen keinen Einfluß auf das Weltgeschehen. Dann sind wir von der Macht »im Himmel« so abhängig wie das Kleinkind von seinen Eltern. Dann ist es nur folgerichtig, vom »Vater im Himmel« zu sprechen und von uns als »Gottes-Kindern«. Und wenn uns etwas Angenehmes zugestoßen ist, dann spricht es sich so leichthin, das »Gott sei Dank!«. Umgekehrt wagen wir es nicht, uns bei derselben Quelle zu beschweren, wenn sich etwas Unangenehmes oder gar Schreckliches ereignet. Man spricht dann vom »unermeßlichen Ratschluß Gottes«. Das alles läßt sich wohl begreifen als eine Entmündigung von uns Menschen.

Wenn nun die Materie, wenn alles, was existiert, in jeder Sekunde unvorstellbar viele Male neu erschaffen wird, dann kann das nur eine geistige Kraft bewirken. Auch schon deshalb, weil alles, was nicht unbewegt ist (und was ist nicht bewegt?) an einem nicht ganz identischen Ort wiedererschaffen wird. Die Materie kann somit zwischen zwei Existenzen nicht restlos verschwinden. Was bleibt, ist das Wissen um den zuvor eingenommenen Ort. Und es bleibt die zuverlässige Gesetzmäßigkeit aller Veränderung, allen Geschehens. Und wenn alle Veränderung von Geisteskraft bewirkt wird, dann sind wir nicht nur passive, sondern auch aktive Teilhaber. Wir können mit unseren geistigen Kräften in das Geschehen eingreifen. Das tun zwar auch jene, die vorgeben, an Gott zu glauben und Atomwaffen erproben. Doch ist das hier in einem viel direkteren Sinne gemeint, etwa die Heilung von Krankheiten mit rein geistigen Kräften beziehungsweise die Unterstützung ärztlicher Bemühungen hiermit. Und wir können Einfluß ausüben auf das, was »Gottergebene« das Schicksal nennen.

KRANKHEIT UND ZEIT

Wer mit einer erheblichen, vielleicht lebensbedrohenden Krankheit behaftet ist, wird viele Anstrengungen unternehmen, um jemanden zu finden, der hilft. Man erhält als Betroffener auch viele Ratschläge, wo die beste Klinik für gerade dieses Leiden ist oder welcher Heilpraktiker oder Geistheiler in einem ähnlichen Fall sensationelle Erfolge erzielte. Nach Jahren erfolgloser Suche stellen die Patienten dann fest, daß sie zwar viel Geld, aber nicht ihre Krankheit losgeworden sind.

Noch immer hört man die Ansicht, Krankheiten seien von Gott gesandt: als Strafe oder um uns zu läutern. Die Folgen hiervon sind in zweierlei Weise fatal: einmal wird hierdurch die Erkrankung zu einem moralischen Problem verfälscht, zum anderen muß dies zu Resignation führen, wo besondere Aktivität angebracht wäre. Nicht weniger verhängnisvoll ist die neuerdings immer öfter vorgetragene Ansicht, Krankheiten seien ausschließlich seelisch bedingt. Die Folge sind oft Zeitverlust – für nicht selten aussichtslose Bemühungen – und letztlich wieder Resignation.

Krankheit ist, ganz allgemein gesehen, ein gestörtes Verhältnis des Ich zur Umwelt. Dabei kann »mein« Körper erkrankt sein, wenn etwa ein Fuß gebrochen ist, oder es kann die Psyche erkrankt sein, wie bei einer Depression. Es kann aber auch die Umwelt gestört sein, wenn Erdbeben, Vulkanausbrüche oder die Umweltverschmutzung auf den Körper einwirken. Wenn die Psyche erkrankt ist, können nur geistige Heilweisen helfen, in allen anderen Fällen werden sie zur besseren und rascheren Heilung beitragen, aber sie genügen nicht allein. Wer beispielsweise am Seveso-Gift Dioxin erkrankte, muß zunächst aus dem Einflußbereich dieses Giftes entfernt werden, bevor irgendeine Therapie wirksam werden kann.

Unser Wesen ist vielfältigen Belastungen, Überlastungen, Abnutzungen und Streß ausgesetzt. Alles das kann die wohlausgewogenen Kräfte, die für unsere Gesundheit sorgen, überfordern und zu Krankheiten führen.

Für außerordentlich bedenklich halte ich die Auffassung, auch an Geburtsfehlern wie Blindheit, Taubheit oder Verkrüppelung seien die Betroffenen letztlich selbst schuld, da sie in einem vorigen Leben durch fehlerhaften Lebenswandel hierfür das schlechte Karma geschaffen hätten, welches nun durch ein Leben mit dieser fürchterlichen Belastung abzutragen sei. Wie will die Karma-Theorie solche Fälle erklären, wo Kinder, etwa nach Medikamenteneinnahme der Mutter, so schwer geschädigt zur Welt kommen, daß sie nach wenigen Tagen oder Wochen sterben? Hier haben die Neugeborenen überhaupt keine Gelegenheit, durch ihr Leben irgendein Karma abzutragen.

Wenn ich unaufmerksam oder leichtsinnig war im Umgang mit fremden Kräften, mit der Technik oder auch bei Glatteis, muß ich mir die Ursache für einen Unfall gewiß selbst zuschreiben. Wenn sich jedoch zwei im Wirtshaus streiten, bis ein Bierglas geworfen wird und davon am Nebentisch ein Unbeteiligter getroffen wird, bin ich nicht bereit, den Betroffenen als selbstverantwortlich für diesen Unfall anzusehen. Dieses Beispiel bringt Dethlefsen und führt eine »Affinität« des Opfers als Ursache des Unfalls an. Ich kann in diesem Beispiel nur den Zufall erkennen, den es im Rahmen der Schöpfung nun einmal gibt. Wie sonst wäre es sinnvoll, daß wir vom Schöpfer ein gut funktionierendes Reparatursystem mitbekommen haben zur

Heilung von Verletzungen, von Infekten, bei Aufnahme verdorbener Speise. Das bedeutet doch, daß der Schöpfer die Möglichkeit solcher nichtplanmäßiger Pannen wohl vorausgesehen hat, sie aber nicht verhindern kann.

Erkrankungen können auch die Folge einer Panne in der Natur sein. Das Heranwachsen eines Embryos ist ein so unbeschreiblich komplizierter Vorgang, daß es nicht erstaunlich ist, wenn einmal etwas mißlingt. Ein Beispiel hierfür sind siamesische Zwillinge. Augenfälliger könnte wohl eine Panne im natürlichen Geschehen nicht dargestellt werden.

Eine weitere, sehr häufige Ursache für Krankheiten ist falsche Lebensweise, die durch den sogenannten Wohlstand ermöglicht wird, durch Bewegungsmangel, Fehl- und Überernährung, Genuß- und Rauschmittelkonsum, Hektik.

Diese vielen verschiedenen Ursachen für Erkrankungen lassen sich doch nicht über einen Kamm scheren. Liegen sie in meinem eigenen Verhalten, muß ich mich entscheiden, ob ich es vorziehe, gesund zu werden, oder ob ich meine schlechten Gewohnheiten beibehalten möchte.

Nicht selten wäre der Gang zum Arzt oder andererseits die Bemühung um eine rein mentale Heilung ein Umweg. Doch in vielen Fällen ist die Hilfe eines Arztes erforderlich. Immer aber wird eine zusätzliche mentale Behandlung die Heilung beschleunigen und sicherer gestalten. Denn Geist und Materie wirken aufeinander ein. Am auffälligsten oder spürbarsten ist dies bei einer körperlichen Verletzung. Wer sich den Finger quetscht, wird seine ganze Aufmerksamkeit sofort auf dieses Ereignis richten, und nur mit Mühe kann man dann auch an etwas anderes denken. Auch umgekehrt ist die Wechselwirkung feststellbar: Bei Scham röten sich die Wangen, bei Schreck werden sie blaß; vor Angst kann man schwitzen, und die Beine versagen ihren Dienst. Auch diese Art der Einwirkung wird wohl kaum bestritten. Doch sie gilt noch allgemeiner. Unsere Gedanken, Erwartungen, Befürchtungen, Überzeugungen beeinflussen unsere Gesundheit, aber auch unser ganzes tägliches Leben, einschließlich dessen, was man gemeinhin das »Schicksal« nennt.

Dies beruht auf der Struktur der Zeit und der praktisch zeitlosen Gegenwart. Denn unser Gegenwartserlebnis wird mitgestaltet durch unsere Erwartungen an die Zukunft und unsere Erfahrungen aus der Vergangenheit. Diese folgenreiche Erkenntnis zeigt, wie wir unser jeweiliges Gegenwartserlebnis, unser »Schicksal« beeinflussen können. Hinsichtlich der Vergangenheit läßt sich nichts mehr ändern. Weil jedoch unsere Gegenwart mitbestimmt wird von unseren Erwartungen an die Zukunft, können wir unsere künftige Gegenwart ändern durch Änderung unserer Erwartungen. Bald ist die so geänderte Gegenwart Vergangenheit, die somit dann ebenfalls durch die geänderten Erwartungen verändert wurde.

Auch die Überzeugung und Erfahrung aller übrigen Menschen wirken auf meine Gegenwart ein. Wo Probleme nur von meiner eigenen Vorstellung abhängen, genügt einfach deren Änderung, um das Problem zu beseitigen. Wenn ich vor einer Spritze beim Arzt voller Entsetzen zurückschrecke, wird sie mich sehr schmerzen. Sehe ich dem Geschehen jedoch gelassen entgegen, wird der Schmerz viel geringer sein. Eine Änderung meiner Schmerzerwartung läßt sich verhältnismäßig leicht erreichen. Der Heilung einer chronischen Krankheit hingegen steht eine Menschheitsüberzeugung von der Unheilbarkeit entgegen und dazu noch das spezielle Fachwissen von Millionen von Ärzten. Deren allgemeine Überzeugung, die schon einem Wissen gleichkommt, stellt eine große Kraft dar, die ich neben meinen eigenen Zweifeln auch noch zu überwinden habe. Aus diesem Grunde sind manche Probleme einfacher und andere wieder viel schwieriger zu lösen.

Diese große Kraft der allgemeinen Menschheitsüberzeugung ist auch der Grund dafür, daß mich überraschende Ereignisse treffen können, die also nicht die Folge meiner eigenen Erwartungen und meiner Erfahrungen sind.

Wir Menschen sind voneinander abhängig nicht nur in dem, was wir tun, sondern auch in dem, was alle anderen erwarten. Dies ist eine gegenseitige geistige Beeinflussung globalen Ausmaßes.

Wir sehen nun auch, daß es keine richtigen oder falschen Überzeugungen, im Sinne von Erwartungen, geben kann, sondern es gibt Überzeugungen, und sie werden sich umsetzen zur Wirklichkeit. Wo sich Überzeugungen nicht auf künftiges Geschehen, sondern auf Tatsachen beziehen, wie etwa, ob sich die Erde um die Sonne dreht, kann eine solche Überzeugung den Sachverhalt nicht ändern. Wir haben hier leider für ganz verschiedene Sachverhalte dasselbe Wort. Die hier gemeinten Überzeugungen beziehen das eigene Befinden mit ein und sind begleitet von Emotionen.

GEISTIGES HEILEN

In weit zurückliegender Zeit wurde erfolgreich mit natürlichen Mitteln, ebenso aber auch auf spirituelle Weise geheilt. Vor bald zweieinhalb Jahrtausenden verkündete Demokrit, einer der berühmtesten Philosophen der griechischen Antike: »Da flehen die Menschen die Götter an um Gesundheit und wissen nicht, daß sie die Macht darüber selber besitzen.« Hierauf weist auch noch unser Wort »Medikament« hin. Es kommt vom lateinischen *medicare mentalis,* das heißt »durch den Geist heilen«. Durch den Einfluß des Christentums wurde fast vergessen, daß nicht der Körper die Seele erschafft, sondern daß der Körper die Ausdrucksform des Wesens ist und daß Fehler in den Körperfunktionen zumeist ein Anzeichen für Wesensfehlhaltungen des Menschen sind. In jenen Zeiten gab es, wenn überhaupt, sehr viel weniger Schäden durch die Umwelt.

Unter Geistheilung oder geistigem Heilen versteht man Heilungen auf immaterielle Weise. Unsere offizielle Medizin geht den entgegengesetzten Weg, doch der Erfolg ist umstritten. Je perfekter unsere Medizin sei, je höher der materielle Aufwand für Apparate und Medikamente, um so kränker sei unsere Gesellschaft geworden! Diese polemische Behauptung hat einen wahren Kern. In vielen Fällen gelingt unserer Medizin keine Heilung. Man bekämpft die Symptome: bei Migräne den Kopfschmerz, bei Asthma die Atemnot, bei träger Bauchspeicheldrüse gibt man Insulin. Doch die Krankheiten selbst gelten als unheilbar.

Gesundheit ist nicht herzustellen, sondern *wieder*herzustellen. Wir wissen, daß unser Ansprechpartner nicht Gott sein kann. Gott gab seine Allmacht auf mit seiner Schöpfung. Er kann nichts mehr verändern. Unser Ansprechpartner bei der Wiederherstellung von Gesundheit kann nur unser Bewußtsein sein. Dies liegt auch im Rahmen unserer Selbstverantwortung. Schließlich ist es ja auch mein Bewußtsein, das eine Änderungsbedürftigkeit meiner Gesundheitsverhältnisse feststellt. Daher: Durch Änderung meines Bewußtseins kann ich gesunden! Diese Aussage gilt im Rahmen der Regenerationsfähigkeit, die uns in den Begrenzungen unserer Kreativität vorgegeben ist. Ein verlorener Zahn wächst ein zweites Mal nicht mehr nach. Und bevor ein gebrochenes Bein heilen kann, muß es in die richtige Lage gebracht und ruhiggestellt werden.

Die Änderung von Bewußtsein ist nur theoretisch einfach, obwohl man »nur« seine Erwartungen an die Zukunft ändern muß. Wenn man weiß, welchen Einfluß unsere Erwartungen an die Zukunft auf die Gegenwart haben, was hindert uns dann, das für uns Wünschenswerte, also etwa Gesundheit zu erwarten? Die Schwierigkeit, unsere Erwartungen zu ändern, besteht darin, daß unser Bewußtsein uns diese Krankheit ständig signalisiert, sei es durch Schmerzen oder sonstige Behinderung. Wie kann ein Asthmatiker sein Bewußtsein von Luftfülle überzeugen, während die Lungen verzweifelt nach Luft ringen?

Aber: Wenn diese Vorstellung zur Imagination wird, dann muß sich die Gegenwart allmählich in der erwarteten Weise ändern. Weil die Gegenwart auf diese Weise bald zu Vergangenheit wird, verändert solche Bemühung mehr und mehr auch die Erinnerung der Vergangenheit im positiven Sinn, was wiederum eine positive Erwartung erleichtert.

Verbindet sich unser Bewußtsein mit dem uns überlassenen produktiven Geist, so entsteht die Imagination, ein kreatives Bewußtsein, das auf die Geschehnisse einwirkt. Und man ist damit frei vom bestehenden Zustand. Auch als Schwerkranker kann man sich intensiv vorstellen, gesund zu werden. Zuweilen wird Imagination als eine Form des Spintisierens abgewertet, als eine Verrücktheit. Das ist weit gefehlt. Die Einbildung, die Imagination, ist sehr produktiv und hilfreich. Ohne sie entstände kein Bauwerk, kein Kunstwerk. Die mächtige Wirkung der Imagination sehen wir auch dort, wo sich jemand eine Krankheit einbildet oder eine drohende Gefahr. Für den, der sich dies einbildet, ist es gültige Realität, die seine Gegenwart bestimmt.

Wer sich sehr genau beobachtet, wird bemerken, daß wechselnde Emotionen unser Gemüt unablässig bewegen, ob wir wachen oder schlafen. Wenn wir uns an einen Traum erinnern, durchleben wir noch einmal die Emotionen, die damit verbunden waren. Während Gefühle wie Hunger, Wärme etc. unsere Aktivitäten steuern, bestimmen die ständig vorhandenen Emotionen – wie etwa Fröhlichkeit, Furcht, Optimismus, Verzweiflung, Interesse oder Langeweile – unsere Befindlichkeit. Diese Emotionen sind es letztlich, die diesen großen Einfluß auf unsere Gesundheit ausüben, welche ja auch eine Befindlichkeit ist. Eine Krankheit, die »seelisch« bedingt ist, ist also emotional bedingt. Emotionen sind die Antriebe zum Erkranken oder Gesunden. Wenn es uns gelingt, nach einer Erkrankung die nunmehr vorherrschenden negativen Emotionen (wie Furcht, Sorge, Mißbehagen) in ihr Gegenteil (in Zuversicht und Behaglichkeit bis hin zu Glücksempfinden) umzupolen, wird sich diese Änderung unserer Emotionen auch mit gleicher Intensität auf unsere Gesundung auswirken.

Nehmen wir an, in einer Klinik bekommen viele Patienten mit derselben Erkrankung täglich zur selben Stunde ein sehr wirksames Medikament. Einmal jedoch wird dies ausgewechselt, und alle Patienten erhalten ein völlig harmloses, aber genau gleich aussehendes Mittel, ein sogenanntes Placebo. Manche Patienten werden ihr Medikament recht gleichgültig einnehmen. Sie haben keine große Hoffnung und Erwartung mehr. Bei diesen wird das falsche Mittel auch keine Wirkung haben. Andere wiederum vertrauen auf die hohe Wirksamkeit und werden sie heute genauso erwarten wie alle Tage zuvor. Sie sind von der Wirkung überzeugt, und daher wird sie auch dieselbe sein wie bei dem echten Medikament.

Wenn man weiß, daß unsere Gegenwart aus unseren Erwartungen und Erfahrungen gestaltet wird, kann uns dieses Ergebnis nicht überraschen, sondern wir mußten es erwarten, zumal Placebos bei Tieren nicht wirken. Das bestätigt unsere Auffassung. Wenn schon ein harmloses Pülverchen die Wirkung eines hochwirksamen Medikaments allein durch unsere Erwartungen ersetzen kann, sollte es uns überzeugen, daß positive Erwartungen auch unseren Alltag beeinflussen und unsere Krankheiten heilen können.

Wo Geist und Technik zusammenwirken, wurden großartige Fähigkeiten entwickelt, wie etwa bei der Unfallchirurgie. Die großen Erfolge auf medizinischem Gebiet sind das Resultat von Gemeinschaftsleistungen bei Erforschung und Ausführung. Kein Chirurg könnte allein operieren, und der Hausarzt benötigt viele andere Spezialisten zur Hilfe. Hier lassen sich die Grenzen des Möglichen kaum erkennen. Selbst abgerissene Gliedmaßen werden heute wieder »angenäht«, bei voller Funktionstüchtigkeit nach Ausheilung. Das anzunähende Glied darf allerdings nicht zu alt sein. Da ist eine Grenze gezogen. Ebenso verhält es sich mit der Geistheilung.

Wo immer wir in der Bibel von Geistheilung lesen oder, wie es manche nennen, von »Wundern«, handelt es sich um Lähmungen, Blind-, Taub- und Stummheit, Infektionskrankheiten wie Aussatz, um Blutfluß (Menstruationsstörung). Allen diesen Krankheiten liegt eine Fehlsteuerung des Gehirn- oder des Immunsystems zugrunde. Auch eine Allergie gehört hierzu. Heilungen von Krampfadern, Verbrennungen, Ablagerungen, Knochenbrüchen, Fleischwunden und dergleichen werden von Stammhirn und Zwischenhirn gesteuert. Hier sind sie als komplexe Leistungen vom Prinzip her angelegt. Vielen Tieren wachsen Gliedmaßen und Zähne wieder nach. Bei ihnen hat die Evolution solches vorgesehen, nicht jedoch beim Menschen.

Wir können die Grenzen und Möglichkeiten der Geistheilung erkennen: Was die Natur nicht als heilbar oder regenerierbar vorgesehen hat, liegt jenseits mentaler Heilungsmöglichkeit. Was sie jedoch vom Prinzip her heilen und wiederherstellen kann, läßt sich durch geeignete mentale Bemühung enorm steigern und zeitlich verkürzen. Damit kann die Geistheilung endlich in den Bereich des Natürlichen und Selbstverständlichen eingegliedert werden, wohin sie auch gehört, anstatt sie weiterhin der Geheimniskrämerei und Scharlatanerie zu überantworten oder sie als Hexenwerk zu verteufeln. Geistheilung ist eine mentale Fähigkeit wie das Denken, wie Bewußtsein, wie unser Bezug zum Schönen und wie das Erkennen globaler und kosmischer Zusammenhänge. Alle diese Fähigkeiten verdanken wir unserer Großhirnrinde. Sie ist fähig, die wesentlich älteren Steuerungsorgane Zwischenhirn und Stammhirn zu beeinflussen und somit auch solche Heilungen zu vollziehen.

Eine Antwort auf die Frage nach den Grenzen der Geistheilung und somit nach ihren Möglichkeiten ist in mehrfacher Hinsicht bedeutsam. Zunächst einmal natürlich für diese selbst. So wird es nur eine Frage ihrer angemessenen Anwendung sein, um Krankheiten, die auf körperlichen Fehlregulationen beruhen, zu heilen. Und wenn die hier genannten Voraussetzungen zutreffen, so muß auch die Heilung von Krebs bei rechtzeitigem Beginn möglich sein. Denn auch in jedem gesunden Körper entstehen beständig entartete Zellen, die zu Krebs führen würden, wenn sie nicht das Immunsystem vernichtete. Die Natur hat somit die Heilung von Krebs generell vorgesehen und läßt es daher auch in den meisten Fällen nicht bis zur Erkrankung kommen.

Im umgekehrten Fall erspart die Erkenntnis der Grenzen alle Bemühungen um Geistheilung, welche von vornherein zum Scheitern verurteilt sind; wenn nämlich von Natur aus kein Programm zu deren Heilung bereitgestellt ist. Das Aufzeigen von Grenzen und Möglichkeiten der Geistheilung ist aber nicht nur für das Therapieren von Erkrankungen oder das Unterlassen sinnloser Bemühungen bedeutsam, sondern nicht minder auch für das Zusammenleben der Menschen.

Wenn die Menschen erkennen, daß selbst die »Wundertaten« Jesu und die »magischen« Kräfte der »Hexen« auf der Nutzung von Naturkräften beruhen und daher jedem ebenso zugänglich sind wie die Benutzung von Hitze zum Kochen, dann muß sich ihr Weltbild geradezu umkehren. Dann schwindet der Raum für Vernunftwidrigkeit, die noch immer so tiefgreifend das Weltbild selbst des westlichen, des angeblich doch so aufgeklärten Menschen bildet, der die Zahl 13 mit Unglück verbindet, der sich bekreuzigt, wenn es blitzt und donnert, und der nachts nicht über einen Friedhof geht, weil er hinter jedem Grabstein ein Gespenst vermutet. Die meisten werden eine solche Abhängigkeit entrüstet von sich weisen und nicht bedenken, daß es auf derselben Ebene liegt, wenn sich jemand als Pechvogel bezeichnet, wobei dann wieder irgendwelche anonymen Mächte über ihn bestimmen. Selbstredend glaubt niemand mehr an die geheimnisvolle Wirkung eines Amuletts, auch wenn man eines trägt oder immer einen »Glückspfennig« im Geldbeutel hat.

Der hier zum Ausdruck kommende Aberglaube ist letztlich nichts anderes als eine Verunsicherung der Menschen durch ihre Furcht und Abhängigkeit von willkürlichen und meist böswilligen Mächten, die sich stets im Verborgenen halten. Wer nicht im Einklang mit der Natur, mit der Schöpfung lebt, sondern in einer sündigen und von Gott abgefallenen Welt, wird in allen seinen Lebensäußerungen eine tiefe Furcht ausdrücken.

EMOTIONEN

Emotionen sind für Wohlbefinden, Gesundheit und Motivationen von entscheidender Bedeutung. Trotzdem beachten wir sie als solche kaum. Sie sind die wechselnden Stimmungen unseres Daseins, die sich aus der jeweiligen Lebenslage ergeben. Ein vor Vergnügen jauchzendes Kind, das stolpert und schmerzvoll fällt, ändert blitzartig seine Emotion von sehr hoher zu tiefer Stimmungslage. Diese große Beweglichkeit verliert sich mit dem Älterwerden mehr oder weniger. Schließlich bildet sich eine ganz persönliche Stimmungslage aus, die nach oben und unten nur wenig variiert.

Ein Neugeborenes bekommt von der Natur gleichsam als Gastgeschenk eine hohe Stimmungslage mit, die es nach jedem Kummer rasch wieder einnimmt. So sagt schon das Sprichwort: »Kindertränen trocknen rasch.« Diese Hochstimmung ist nicht nur eine optimale Starthilfe für die Meisterung künftiger Schwierigkeiten, sie ist auch der beste Schutz vor Krankheiten. Noch bei den Schülern der unteren Klassen ist das Emotionsniveau sehr hoch, wie sich am quirligen Leben auf dem Pausenhof zeigt. Die Schüler der oberen Klassen dagegen verhalten sich viel ernster, gesetzter. Ihre Streiche, die sie Lehrern oder Mitschülern spielen, sind oft nicht mehr Ausdruck von Übermut, sondern eher von Opposition und Verunsicherung.

Offensichtlich ist von der Natur ein derart rascher Abbau der Hochstimmung nicht vorgesehen, wie wir bei Völkern in einfachen wirtschaftlichen Verhältnissen erleben. Dort haben selbst die bettelarmen Erwachsenen noch strahlende Augen und ein freundliches Gemüt. Die Eingeborenen Afrikas pflegen bei Massenprotesten gegen Unterdrückung in großen Gruppen zu singen und zu tanzen. Bei uns hingegen sind schon viele Jugendliche am Beginn ihrer Pubertät emotional derart »im Keller«, daß sie sich künstlich höher zu stimulieren suchen, mit Alkohol und Drogen. Doch statt zu Wohlbefinden führt dieser Weg oft zur Zerstörung der Persönlichkeit, zu Hoffnungslosigkeit und Verzweiflung. Nahezu unausweichlich ist das Abgleiten in die Kriminalität.

Das frühzeitige und so tiefe Absenken des Emotionsniveaus ist offensichtlich eine Folge unserer materiellen Denk- und Lebensweise, was die Werbung geschickt ausnützt: man muß nur kaufen und schlucken oder sonstwie konsumieren, wofür gerade geworben wird, dann bekommt man für sein Geld Glück, Gesundheit, Erfolg und frohe Stimmung. Schließlich möchte jeder ein gedrücktes Emotionsniveau heben. Aber mit mehr Konsum, Zerstreuung, Macht (Geld) ist das nicht möglich, sondern nur mit einer Besinnung auf das Wesentliche und der Ausrichtung unserer Lebensführung hierauf. Wir müssen uns die Frage nach dem Sinn unseres Lebens stellen, und wir müssen eine Antwort darauf finden.

In gehobener Emotionslage kann niemand kriminelle Handlungen begehen. Sie sind nur in sehr gedrückter Stimmung möglich. Dann sind die Interessen nur auf das Nächstliegende gerichtet, auf das Ego, die eigenen Bedürfnisse. Oder könnte man sich vorstellen, daß jemand bei Ausübung eines Verbrechens vor guter Laune strahlt? Nein, das geht nur mit hartem, kaltem, verschlossenen Gesichtsausdruck und entsprechender Stimmung. Strahlung jeder Art ist das materielle Kommunikationsmittel über weite Entfernungen. Die Sterne bemerken wir nur durch ihre Strahlung. Menschen in strahlender Stimmung verbinden ihr Ich mit einem weiten Umkreis und öffnen sich ihrer Umwelt und ihren Mitmenschen.

Hier zeigt sich auch, daß eine optimale Verbrechensbekämpfung durch den Staat kaum durch mehr Polizei und Gefängnisse erfolgen kann, sondern nur durch Heben der Stimmungslage der Bürger. In diese Richtung führt etwa die Forderung, mehr für Soziales wie Bildung und weniger für Rüstung auszugeben. Schauen wir uns die Gesichter von Politikern, Wirtschaftsmächtigen und Klerikern an, wie sie meist, wenn nicht allesamt todernst, verbissen, kalt sind, daß es einen bei ihrem Anblick friert. Im Parlament erleben wir höchstens Schadenfreude, und in einer Kirche ist Lachen verpönt.

Welch eine andere Welt, wo eine Mutter mit seligem Lächeln ihr Kind stillt, wo Kinderscharen lärmen, spielen, singen. »Wo man singt, da laß dich ruhig nieder.« Denn da herrscht eine gehobene Stimmung, die für ein Miteinander öffnet, für Bejahung, Vertrauen. Da führt man nichts Arges in Schilde. Noch deutlicher wird das euphorische Dichterwort: »Seid umschlungen, Millionen ...« (Schiller, »An die Freude«). Ist das nicht ein Erahnen, daß wir letztlich eins sind mit allen anderen und mit allem, mit der ganzen Schöpfung?

GEGENWART UND SEXUALITÄT

Schöpfung ist Bewegung, Entwicklung. Von allem Geschaffenen hat nur der Mensch ein Empfinden von Zeit, Tiere und Pflanzen haben es nicht.

Aus unserer Sicht leben diese in der Gegenwart, ohne darüber reflektieren zu können. Sie leben. Sie leben ohne Verantwortung, sie sind weder gut noch böse. Sie sind einfach. Sie sind so, wie sie die Schöpfung geschaffen hat. Sie leben im Paradies, wo auch der Mensch einst lebte, bevor er Mensch wurde – in völliger Geborgenheit und Abhängigkeit von der Natur.

Es gibt eine Möglichkeit, das Paradoxon der Zeit, diese schiere Unmöglichkeit, zu verstehen. Wir erleben Zeit als eine Einbahnstraße von der Zukunft zur Vergangenheit. Alles Geschehen »kommt auf uns zu«, wie es die Sprache ausdrückt. Es ist vielerlei möglich. In der Vergangenheit ist dann entschieden. Von den vielen Möglichkeiten wurde jeweils eine einzige realisiert. Entscheiden, das bedeutet Scheiden, Trennen. Der Ort der Entscheidung ist die Gegenwart.

Das Wort »Gegenwart« zeigt: etwas stellt sich entgegen. Wart = wärtig zeigt die Richtung an. Hier wird der »Fluß der Zeit« durch etwas, das sich dagegenstellt, entzweit, in die Polarität geteilt. In unserem Wort »Zeit« steckt das indogermanische »die« (zum Beispiel Distanz), welches »teilen«, »zerschneiden« bedeutet.

Es entzieht sich eigentlich unserem Vorstellungsvermögen, wie alles Geschehen, das es gibt, an einem unendlich kleinen Punkt stattfindet. Denn das unendlich Große wie auch das unendlich Kleine, das Nichtexistierende, können wir uns nicht vorstellen. Doch hier hilft uns ein Kunstgriff:

Bildlich und sprichwörtlich stellt sich der Lauf der Zeit dar wie ein Fluß. Denken wir uns auf einer Brücke, die über den Fluß führt, der aus irgendeiner Zukunft auf uns zu kommt und in irgendeine Vergangenheit fließt. Nun können wir einen Stab in den Grund des Flusses stecken, so daß das Wasser entweder rechts oder links daran vorbeifließen muß. Und wenn wir das am Stab getrennte Wasser durch eine Mauer oder irgend etwas daran hindern, sich wieder zu vereinigen, so erhalten wir nun zwei Ströme. Wir haben den Fluß geteilt. Man kann dies etwa so zeichnerisch veranschaulichen:

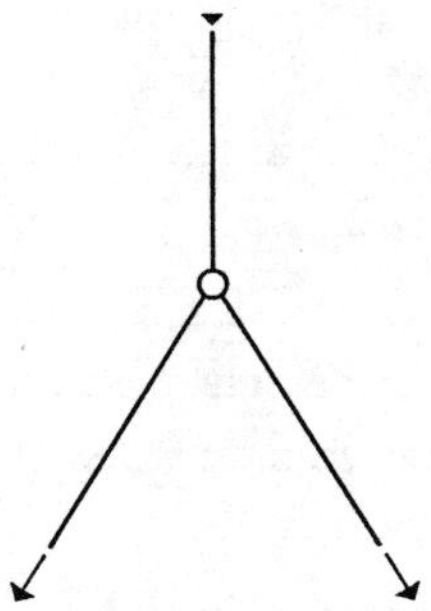

Dort, wo die Teilung in einen rechten und einen linken Flußarm stattfindet, ist für uns die Gegenwart (Kreis). Obwohl dieser Punkt unendlich klein ist, können wir uns doch gut vorstellen, wie sich da das Wasser fortwährend in seinem Herbei- und Wegströmen teilt. Dort also ist die Gegenwart, wo die jeweiligen Entscheidungen fallen, wo das Geschehen stattfindet. Ein Schiff (unser Lebensschiff), das in der Mitte des Flusses heranschwimmt, befindet sich zunächst noch in der Zukunft. Noch ist nicht entschieden, ob es am Punkt der Entscheidung nach rechts oder nach links weiterschwimmen wird.

Erst an dem Widerstand, der da ins Wasser ragt, fällt die Entscheidung. Dort ist der Zeit-Punkt des Geschehens, unsere Gegen-wart.

Der Widerstand, der sich dem Strom der Zeit entgegenstellt, ist unser Ich. Am Ereignispunkt zwingt das Ich die Schöpfung auseinander in die Polarität. Nun wird auch einsichtig, weshalb nur der Mensch ein Zeiterlebnis hat, denn dieses ist an ein Ich gebunden. Die übrigen Lebewesen werden vom Strom der Ereignisse fortgetragen und haben mangels eines Ichs nicht die Möglichkeit, sich dagegenzustemmen. Sie bestimmen nicht das Geschehen, sondern es geschieht mit ihnen. Deswegen erleben sie ihre Welt nicht polar. Und es wird deutlich, weshalb der Mensch alles nur polar erleben kann, sobald er sein Ichbewußtsein entwickelt.

Erinnern wir uns an die Schöpfungsgeschichte. Sowie Adam und Eva einen Namen haben und nicht mehr nur Mann und Männin sind – wie sie in 1. Mose 2,23 genannt werden –, haben sie ein Ichbewußtsein. Ab dort stehen sie in der Polarität, was die Bibel als »Gut« und »Böse« mißversteht. Ab jetzt sind beide fähig zu erkennen, fähig zur Bewußtwerdung.

Will ich das Stadium des »Noch-nicht-Menschen« in Kindermanier darstellen, so sieht das Ergebnis etwa wie die linke Zeichnung aus:

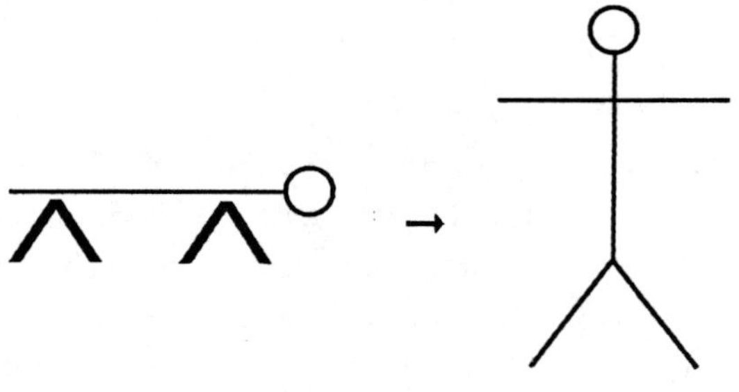

Sie zeigt ein Wesen, das noch nicht aufrecht geht. Damit aber ist zwangsläufig der Blick, das Interesse auf das Nächstliegende gerichtet. Erst durch Erhebung in die Senkrechte wird der Blick frei für die

Ferne bis hin zur Unendlichkeit des Alls. Die vorderen Gliedmaßen werden nicht mehr zur Fortbewegung benötigt. Sie werden zu Händen, die greifen; die mithelfen zu begreifen, zu kooperieren mit dem Gehirn. Darüber hinaus erreicht der Mensch durch die Erhebung in die Senkrechte eine sittliche Dimension. So sprechen wir von einem aufrechten Menschen im Unterschied zu einem »Kriecher«.

Nun kann unsere kleine Zeichnung von der Entscheidung noch weitere wesenhafte Aussagen machen über den Menschen, wenn wir sie zum vollständigen »Strichmännchen« ergänzen:

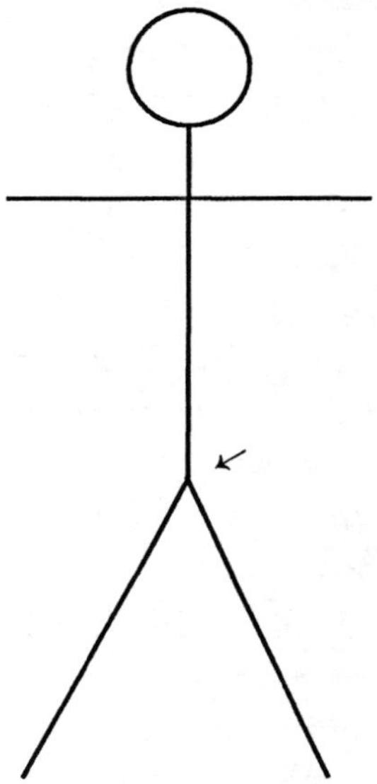

Bewußtsein, Denken. Kreis und Kugel sind die Synthese von Unendlichkeit und Endlichkeit, sind die Grundlagen für die Schöpfung.

Be-greifen, Zulieferung für Denken. Das Wort »kennen« kommt von »fühlen«, »tasten«.

Gegenwartspunkt (→), nicht zufällig auch Ort des Sexualorgans. Hier entsteht die Polarität, die Voraussetzung für die Erkennbarkeit der Schöpfung.

Verschiedene »Stand«-punkte durch Ortsveränderung. »Grund«-lage jeglichen Erkennens. Er-»fahrung«. (mhd. *ervarn* = reisend erkunden).

Symbol für die Polarität, Endlichkeit und somit Gegenpol zum Kreis (Unendlichkeit), zum Denkorgan.

Bei der engen Verknüpfung von Sexualität mit Bewußtsein kann es kein Zufall sein, daß der Ort der Sexualorgane beim Menschen exakt die Stelle ist, wo sich der Rumpf in die beiden Beine teilt. Dies ist ja zugleich der Gegenwartspunkt im Strom der Zeit. Wir erkennen, welch zentrale Bedeutung die Sexualität im menschlichen Leben einnimmt. Daher befinden sich ihre Organe genau im Zentrum unseres Körpers.

Wir können nun besser verstehen, weshalb sexuell Mißbrauchte oft für ihr ganzes Leben geschädigt sind. Es geschah nicht irgendwo an der Peripherie, wie bei Verlust von Gliedmaßen. Die Schädigung geschah im Zentrum ihres Wesens.

Um sich über alle anderen Tiere zu erheben, mußte der Mensch zum aufrechten Gang gelangen, wodurch seine vorderen Gliedmaßen frei wurden, um sich zu den ungemein geschickten Werkzeugen zu entwickeln, die unsere Hände darstellen. Für die Entwicklung unseres Bewußtseins waren sie eine unverzichtbare Voraussetzung. Doch noch etwas anderes bewirkte der aufrechte Gang: Die Genitalien verlagerten sich von der Peripherie, vom hinteren Bereich eines Vierbeiners ins Zentrum. Damit aber noch nicht genug der Besonderheiten unserer Geschlechtsorgane: Der Mensch hat nicht nur das größte Gehirn aller Primaten, sondern auch den größten Penis. Wenn die menschliche Sexualität nur geschaffen wäre für den Zweck der Fortpflanzung, wäre diese Größe geradezu eine Fehlentwicklung, denn je größer ein derart empfindlicher Körperteil ist, um so gefährdeter ist er auch. Daß er sich trotzdem zu dieser Größe entwickelt hat, dürfte somit ein Hinweis dafür sein, daß die menschliche Sexualität bei weitem nicht nur der Fortpflanzung dient, sondern darüber hinaus denselben Aufgaben wie das Gehirn: der Entwicklung von Bewußtsein. Ein Hinweis hierauf sind auch die vielen Felszeichnungen des Mesolithikums, wo Menschen und Götter oft mit riesigem Penis dargestellt sind.

Nicht nur der männliche Körper liefert diesen Hinweis, wir finden ihn ebenso deutlich auch bei der Frau. Daß deren Brüste halbkugelförmig sind, entspricht keiner biologischen Notwendigkeit.

Dafür würden Zitzen genügen. Und gewiß nicht zufällig ist ihr Ort die Mitte zwischen Gehirn und Genital. Wie wir sehen, sind Kreis und Kugel die Grundlage aller materiellen Existenz, der geniale Kompromiß des Schöpfers zwischen Unendlichkeit und Endlichkeit. So wurde auch der Körperbau der Frau zum Ausdruck von Anfang und Ziel der Schöpfung.

»ALLES AUS« MIT DEM TOD?

Ganz wesentlich für jede Weltanschauung ist die Frage, ob mit dem Tod des Körpers »alles aus« ist, ob wir weiterleben in einer rein geistigen Welt, oder, als letzte Möglichkeit, ob wir, das ist unser Wesen, wiedergeboren werden. Bis heute kann keine dieser Versionen durch Naturerkenntnis bewiesen werden. Wir können jedoch auf diese Weise Wahrscheinlichkeiten ermitteln. Nachdem wir wissen, daß die Evolution niemals auf ehemalige Stufen zurückfällt, können wir mit Sicherheit ausschließen, was man gelegentlich immer noch hören kann: »Vielleicht komme ich nächstes Mal als ein Tier auf die Welt!«

Über solche Fragen kann man mit Gleich- oder Andersgesinnten diskutieren im Sinne eines echten Gesprächs, wobei jemand daraufhin seine Ansicht ändert. Zwischen Anhängern eines konfessionellen und eines naturwissenschaftlichen Weltbildes ist das jedoch nicht möglich. Da gibt es nur Streitgespräche, bei denen die Beteiligten meist als unversöhnliche Gegner zurückbleiben. Zwischen dem Glauben an »Wunder«, durch welche die Naturgesetze außer Kraft gesetzt werden, und dem Wissen, daß das gänzlich unmöglich ist, gibt es eben keine Brücke. Diese aber sollte sich bei ehrlichem Bemühen in einem Gespräch finden lassen, wenn auf der Grundlage unseres gesicherten Wissens über jene Fragen diskutiert wird, die wir noch nicht oder vielleicht niemals genau wissen können. Hierzu gehört, was aus uns nach dem Sterbevorgang werden wird.

Die Ökonomie der Schöpfung ist unübertrefflich. Von der 12.700 Kilometer großen Erdkugel bilden fast nur die letzten wenigen Meter den Rohstoff für alles Leben, das es je gab und jemals geben wird. Alles wird wieder verwertet. Sollte es da nur mit unserem Körper ebenso geschehen, nicht aber mit unserem Wesen? Gilt da eine »Wegwerfmentalität« der Natur? Unser Wesen ist doch das Wesentliche. Der Körper dient nur dazu, daß sich unser Wesen in der Welt der Wirklichkeit ausdrücken und entwickeln kann. Selbst wenn jemand Arme oder Beine oder gar alle Gliedmaßen verliert, ändert sich sein Wesen nicht. Der Betroffene hat auch nach diesem schweren Verlust die Gewißheit, noch derselbe zu sein. Körper und Wesen sind offensichtlich nicht identisch. Das drückt schon unsere Sprache aus. »Ich habe einen Körper.« Wie fremd würde uns klingen: »Ich bin ein Körper.« Was man »hat«, kann man verlieren, ohne sich zu ändern. Die Konfessionen sehen dies aber anders. Auf unseren Friedhöfen, die ein Abbild des herrschenden Glaubens sind, hört und liest man: »Hier liegt mein Vater begraben.« Richtiger wäre wohl: »Hier liegt begraben, was an meinem Vater sterblich war.« Das Wesentliche, das Wesen, kann nicht begraben werden.

Unsere Sprache bringt das Entschlafen mit Schlafen in Verbindung. Ein Drittel unserer Lebenszeit verschlafen wir. Im Schlaf sind die vegetativen Abläufe wie Atmung, Herzschlag und Bewegung reduziert. Unsere Motorik benötigen wir dabei nur, um die Lage ab und zu zu wechseln. Im Schlaf brennt Leben auf Sparflamme. In Extremfällen kann man jedoch schlafen, ohne diese Funktionen einzuschränken. So marschierten manche Soldaten im Krieg eine Nacht lang und schliefen, während sie sich an einer Feldküche o. a. festhielten. Das wichtigste Kriterium des Schlafes dürfte daher das Erlöschen der Aufmerksamkeit sein. Diese erfordert viel Energie. Wir gehen damit auch sparsam um, wenn wir nicht schlafen. Volle Aufmerksamkeit über längere Zeit ermüdet nicht weniger als körperliche Anstrengung.

Der Erholungswert des Schlafes beruht im Wesentlichen auf drei Faktoren: Ersparnis an Bewegungsenergie und an Aufmerksamkeitsenergie, ferner Regeneration durch Erlebnisverarbeitung. Auch beim Träumen entwickeln wir keinerlei Aufmerksamkeit. Dort ist unser Erleben nicht Folge unserer bewußten Hinwendung. Im Traum haben wir keinen willentlichen Einfluß auf den Gegenstand unserer Zuwendung. Es geschieht mit uns. Unsere Identität ist sehr eingeschränkt; gerade so groß, wie sie für das Traumgeschehen benötigt wird. Im Wachbewußtsein ist sie viel umfassender. Da schließt unsere Identität unsere gesamte Vergangenheit und – soweit voraussehbar – auch die Zukunft mit ein. Unsere Umwelt ist im Traum so begrenzt wie jene, die nachts von einem Scheinwerfer erhellt wird. Aufmerksamkeit ist die willentliche Hinwendung unseres Bewußtseins auf die Umwelt. Wo aber bleibt es, wenn wir schlafen? Wo bleibt die Bewegung eines Pendels, wenn wir es anhalten? Sie ist sofort wieder »da«, wenn wir das Pendel loslassen. Und so geschieht es mit unserem Bewußtsein, wenn wir erwachen. Es ist die Einordnung aus dem riesigen Feld der Möglichkeiten, die unsere Umwelt bietet. Dazu setzt unsere Aufmerksamkeit Schwerpunkte, die dann von unserem Bewußtsein bearbeitet werden.

Wenn der Tod ein Einschlafen ohne Aufwachen wäre, dann müßte beim Sterben die Aufmerksamkeit erlöschen. Die Berichte vieler Reanimierter berechtigen zu der Annahme, daß Aufmerksamkeit und Bewußtsein beim Sterben aufrechterhalten bleiben.

Die christlichen Kirchen lehren die Auferstehung: Bis zum Tage des Jüngsten Gerichts sind alle Verstorbenen restlos tot, ihre Körper verwest, und dies für eine uns unvorstellbar lange Zeitdauer. Denn auch der letzte Mensch, der jemals geboren werden wird, ist diesem Gericht unterworfen. An diesem einen fernen Tage wird jeder der inzwischen -zig Billarden Menschen, welche die Erde bis dahin jemals bewohnt haben, mit Leib und Seele wieder lebendig. Jeder einzelne wird nun von Gott für sein Verhalten während des – im Vergleich zu dieser schier unendlich langen Zeitdauer – doch extrem kurzen Erdendaseins gerichtet: Die guten Taten werden belohnt, die schlechten bestraft. Diese Belohnung oder Bestrafung dauert die folgende Ewigkeit. Eine inzwischen erfolgte bessere Einsicht der ehemaligen Übeltäter ist ohne Wirkung und enthebt sie nicht der ewigen Verdammnis. Kleinere Vergehen können durch Aufenthalt im Fegefeuer getilgt werden. Eine Rede wider den Heiligen Geist jedoch (Mt. 12,31) und andere Todsünden nicht.

Jene Kleriker, welche sich um das Jahr 1000 herum diese These ausgedacht haben, übersahen offensichtlich, daß es nach einer derartigen Anschauung »das Gute« überhaupt nicht geben kann. Wer nur aus Angst vor Bestrafung und um die verheißene Belohnung zu erhalten nicht stiehlt, mordet, lügt und Gott lästert, der mag tun und lassen, was immer er will, es wird niemals das Gute sein können. Auf diese Weise wird nur Heuchelei gezüchtet. Diese Mär ist zu naiv, als daß wir uns hier ernsthaft damit auseinandersetzen müßten.

Erinnern wir uns, daß die ersten schriftlichen Zeugnisse menschlicher Kultur in Höhlen gefunden wurden. Oft konnte man durch den engen Zugang nur gebückt oder kriechend gelangen. Daher blieben uns viele auch so lange verborgen. Im Inneren war es dunkel und feucht wie in einer Gruft. Rufe und Schreie kamen aus unergründlicher Ferne mit vielfachem Echo zurück. Wenn es uns Heutigen an solchem Ort schon unheimlich wird, wie muß eine solche Höhle erst auf damalige Menschen gewirkt haben. Noch immer suchen Menschen zur feierlichen Überhöhung Höhlen auf. Heute aber wurden sie künstlich errichtet, unsere Kathedralen und Kirchen. Damals aber müssen sie noch einen anderen Zweck gehabt haben, wie die vielen in den Stein geschlagenen Vulven zeigen. Die Höhle war eine Gebärmutter, in die man sich begab, um wiedergeboren zu werden.

Die meisten Menschen dieser Erde glauben noch immer an die Reinkarnation, die Wiederfleischwerdung, die Wiedergeburt. Danach stirbt nur der Körper. Die Seele lebt weiter in der geistigen Welt, um nach Jahren oder Jahrhunderten wieder einen neugeborenen Körper zu beleben, und das über viele tausend Folgen hinweg.

Im Vergleich mit dem kirchlichen Dogma erscheint die Anschauung von der Reinkarnation sehr viel gerechter, denn niemand wird für kurzfristiges Irren und Fehlverhalten für alle folgende Ewigkeit bestraft, sondern jeder hat durch bessere Einsicht, durch Weiterentwicklung die Möglichkeit, ja die Aufgabe, seine Irrtümer auszugleichen. Bestrafen kann jeder nur sich selbst, denn wer in dieser Lebensschule das Pensum einer Klasse nicht lernt, muß eben wiederholen.

Die Frage der Wiederverkörperung muß auch unter dem Gesichtspunkt der Ökonomie gesehen werden. Wie unglaublich wenig Wasser benötigt eine Kaktee in der glühenden Wüste. Mit welch bescheidenen Mitteln entwickelt sich Leben in der ewigen Nacht der Tiefsee. Und nichts befindet sich auf der Erdoberfläche, das nicht schon millionenmal den Körper einer Pflanze oder eines Tieres aufgebaut hat. Der Sauerstoff, den wir atmen, belebte schon Millionen andere Lebewesen, und mit dem Wasser, das wir trinken, ist es ebenso. Ökonomie ist ein Wesensmerkmal der Schöpfung. Wenn es nur eine rein biologische Vererbung mittels der Gene gibt, können nur jene Erfahrungen für die Entwicklung des Menschengeschlechts verwertet werden, die jemand von Geburt bis zur Zeugung seiner Nachkommen macht. Die vielleicht noch wichtigeren Erfahrungen von dort an bis zum Tode sind dann für alles weitere Geschehen verloren.

Wir erleben doch immer wieder, wie jemand nicht nur die Eigenschaft seiner Eltern hat, sondern oft sogar so viele gegensätzliche Fähigkeiten und Eigenheiten, daß man miterleben kann, wie ein Kind viel »Eigenes« mitgebracht hat. Ein Hinweis hierauf sind auch die sogenannten Wunderkinder, die Musik, Farben, Mathematik usw. schon als Kinder wesentlich besser beherrschen als ein erwachsener Meister seines Fachs. Die Lebensspanne dieser Kinder konnte niemals ausreichen, um solche hervorragenden Fähigkeiten in diesem Leben zu erwerben.

Wenn diese Annahme zutrifft, wird es immer Wesen geben, die sich schon oftmals reinkarniert haben, und andere, die erst wenige Male Gelegenheit hatten, in einem menschlichen Körper weitere Erfahrung zu machen und sich zu entwickeln.

Solange sich die Zahl der Menschen vergrößert, muß es demnach auch »Neulinge« geben, in denen sich kein Ich mit Vorerfahrung ansiedeln kann. Sie können ihr Ich, ihren Charakter, ihr Wesen nur mit den Möglichkeiten der materiellen Vererbung ausgebildet haben, die sie somit »geschenkt« bekamen. Ihr Ich ist noch rein gengebunden. Wie zwanglos erklärt sich auf diese Weise die schier unglaubliche Unterschiedlichkeit der Menschen: vom primitiven Egoisten über alle Stufen der Entwicklung bis zum Weisen.

In der Spanne zwischen Geburt und Tod haben wir kein durchgängiges Ich-Bewußtsein, obwohl das Ich der Kindheit in der Rückschau als identisch mit dem des Alters empfunden wird. Niemand von uns hat Zweifel daran, daß er im Alter dasselbe Wesen ist wie in seiner Jugend, andernfalls würden wir eine solche Person als sehr krank einstufen.

Diese Konstanz unseres Ichbewußtseins nehmen wir als selbstverständlich an, obwohl sie unzählige Male unterbrochen wird (zusammengerechnet etwa den dritten Teil unserer Lebenszeit). Im Schlaf, bei Bewußtlosigkeit oder in Narkose, wo wir selbst schwerste Eingriffe in unseren Körper durch den Chirurgen nicht bemerken und später keine Erinnerung daran haben, ist unser Ich nicht mit dem Körper verbunden. Es ist dies ein Beweis dafür, daß das Ich auch ohne Körperkontakt existieren kann.

Diesen findet das Ich mit großer Sicherheit wieder, wenn der Körper erneut zu seiner Aufnahme fähig ist (nach dem Ausschlafen oder nach der Narkose). Nun gibt es auch einen anderen Grund außer den genannten, daß ein Ich seinen Körper verläßt: den Tod, wenn der Körper definitiv nicht mehr dazu geeignet ist, Leben zum Ausdruck zu bringen. Ist die Annahme nicht naheliegend, daß auch in diesem Falle das Ich sich wieder einen Körper sucht? Ist sein bisheriger Körper lebensuntauglich geworden, so sucht es sich eben einen neuen, der noch nicht von einem Ich belegt ist.

Das kann nur ein Neugeborenes bieten – wenn wir von den seltenen Fällen von »Besessenheit« absehen, wo offenbar ein Ich in einen bereits von einem anderen Ich bewohnten Körper eindringt.

Die Annahme der Reinkarnation scheint ein Gebot der Vernunft zu sein und viel näherliegend als jene, daß mit dem leiblichen Tod »alles aus« sei.

Jedes Ich ist ein Kosmos im kleinen, eine kleine Welt innerhalb der großen. Es verbindet Materie mit Geist durch das Bewußtsein. Eine seiner Aufgaben ist die Steuerung des materiellen Körpers. Über unsere fünf Sinne – Fühlen, Hören, Riechen, Sehen, Schmecken – erhält es Informationen über den Körper und seine Umwelt, die es verwertet und in Absichten umsetzt, welche wiederum ein Tätigwerden des Körpers veranlassen. Die Verwertung geschieht durch Gedanken, Emotionen, Gefühle etc. Diese können körperbezogen sein, wenn sie durch die Sinne verursacht sind – wie Müdigkeit, Hunger, Lust, Kraftgefühl –, oder sie können geistbezogen sein wie Treue, Verantwortung, Fürsorge, Hilfe, Dank, Zuneigung usw.

Das Ich ist entwicklungsfähig, indem es immer mehr Fähigkeiten entwickelt. Hier gibt es wiederum solche, die körperbezogen sind – wie Muskelkraft, Fingerfertigkeit –, und solche, die geistbezogen sind – wie Interessen, Intelligenz, Wissensumfang, Denkvermögen. Und dann gibt es Fähigkeiten, die sowohl körper- als auch geistbezogen sind – wie Klavierspielen, Sport- und Berufsausübung.

Könnte es sein, daß mit dem leiblichen Tod nur jene Emotionen und Fähigkeiten ihr Ende finden, die körperbezogen sind, und jene, die geistbezogen sind, unsterblich und in der langen Kette von Wiederverkörperungen die Möglichkeit der Weiterentwicklung finden? Dann wäre einsichtig, daß die auf den Körper bezogenen Fähigkeiten von jedem Neugeborenen wieder neu erlernt werden müssen, wie das Greifen mit den Händen oder das Gehen. Es wird auch einsichtig, weshalb es eine immer größere Lernfähigkeit gibt. Kein Neandertaler wäre in der Lage gewesen, einen Computer zu bedienen.

Verständlicher wird nun auch, wie es zu den zahlreichen Berichten über Erinnerungen an frühere Leben kommt. Die Vererbungslehre würde dies niemals erklären können. Niemand wird bestreiten, daß er seinen dritten Geburtstag erlebt hat. Aber wer hat noch Erinnerungen daran? Das müßte doch viel einfacher sein als die Erinnerung an viel weiter Zurückliegendes. Manchmal auch haben wir schon ganz vergessen, was wir vor wenigen Jahren erlebten. Daß wir uns an frühere Leben meist gar nicht erinnern, kann sonach kein Argument gegen die These von der Wiedergeburt sein.

In diesem Zusammenhang dürften auch einige Gedanken zur Struktur des »Jenseits« angebracht sein, zur geistigen Welt. Sie muß in Wechselwirkung mit Materie stehen, wie unsere Überlegungen zuvor schon zeigten. Alle Bewegung, alle Ortsveränderung ist die Folge geistiger Kräfte. Bewegung ist immer an Körperlichkeit gebunden, und sie benötigt Zeit. Hingegen können wir uns augenblicklich denken, auf dem Mond zu sein.

Im Geist überbrücken wir dabei große Distanzen, ohne Zeit zu benötigen. Alles Nichtmaterielle unterliegt nicht Raum und Zeit, obwohl es darauf einwirken kann, wie umgekehrt auch das materielle Geschehen in Raum und Zeit auf Geistiges einwirkt, auf seine Entwicklung. Über die wechselseitige Einwirkung von Geist und Materie wird erst seit wenigen Jahren auf einigen Universitäten geforscht. Künftige Generationen werden auf diesem Gebiet Erkenntnisse gewinnen, die uns heute noch nicht vorstellbar sind.

Konfessionen sprechen von Körper und Seele, als sei damit das Menschenwesen beschrieben. Seele ist aber nur der subjektive Anteil menschlicher Geistbezogenheit. Seele ist alles, was aus unserer Sinnlichkeit geistig resultiert – wie Hungergefühl, Schmerzempfindung usw. Die Seele stirbt mit dem Körper, denn Tote haben keinen Hunger, keine Schmerzen. Diese geistige Seite des Menschen ist noch immer nicht sein Wesentliches.

Von welch einem Qualitätsunterschied sind etwa Hilfsbereitschaft gegenüber beispielsweise Hungergefühl oder Nächstenliebe im Vergleich zu Durstgefühl, überhaupt alle Sinnesempfindungen mit geistigen Eigenschaften gegenüber körpergebundenen. Das Wesentliche am Menschen ist sein Geistwesen. Seele ist individuell, Geist generell. Diesen Unterschied drückt auch unsere Sprache aus, wenn man sagt: Ich bin ein Geistwesen und habe eine Seele. Was man ist, kann man nicht verlieren, aber alles, was man hat.

Wer weiß, daß die körperbezogenen Bereiche des Ich mit dem Leib vergehen, die geistbezogenen jedoch zeitlos und somit unsterblich sind, der verfügt über taugliche Maximen für seine Lebensgestaltung. Es erscheint dann wenig sinnvoll, mehr materielle Güter anzustreben als zur Abdeckung aller körperlichen und geistigen Bedürfnisse wünschenswert ist. Man benötigt auch kein anthropomorphes Gottesbild mit Belohnung und Bestrafung für die richtige Lebensführung. Nur das Wissen um jene menschlichen Bereiche, welche zeitlos, unsterblich sind, kann eine materialistische und egoistisch orientierte Menschwenwelt auf geistige Ziele und Nächstenliebe hin lenken.

Wenn der geistbezogene Anteil des Ich unsterblich ist, der gengebundene jedoch mit dem Leichnam vergeht, dann sind primitive Menschen viel sterblicher als Höherentwickelte. Beim »Neuling« ist noch kaum etwas Eigenes entwickelt, das unsterblich ist. So ist, entgegen geläufiger Ansicht, der Tod eben nicht der große Gleichmacher.

Die Evolution, die allmähliche Änderung der lebenden Strukturen auf ein Ziel hin, geschieht somit auf zwei verschiedenen Ebenen. Über die Vererbungskette werden neben dem Ererbten auch noch Spuren der Lebenserfahrung eines Menschen von seiner Geburt bis zur Zeugung neuen Lebens fixiert und vererbt. Diese materielle Ebene der Evolution gleicht einem Stafettenlauf: Das, worauf es ankommt, wird von einem Menschen an einen anderen, Neugeborenen, weitergegeben, und jeder gibt noch eine Spur Eigenes hinzu.

Was zahlreiche Reanimierte als Erfahrung mit ihren neuen Kommunikationsmöglichkeiten berichten, bezieht sich naturgemäß noch alles auf den Sterbevorgang und das allererste Lösen des Ich vom Körper, das Tunnel- und Lichterlebnis. Keiner von ihnen hatte Gelegenheit, das Geschehen weiterhin zu beobachten und uns dann davon zu berichten, denn schon nach wenigen Minuten hatten die Bemühungen um Wiederbelebung Erfolg. Bevor sie nähere Erlebnisse im Jenseits haben können, sind sie wieder ganz erdgebunden, wenn auch oft mit sehr veränderter Lebensperspektive. Wir können aber trotzdem gewisse Aussagen über den nachtodlichen Zustand machen.

Sinn und Aufgabe der Wirklichkeit, das ist die materielle Welt, ist das Gewinnen von Erkenntnissen und daraus die Bildung von Bewußtsein. Daher kann in der jenseitigen Welt kein Deut mehr gewußt werden als im Dieseits. Mag sich jemand auch noch so lange im Jenseits aufgehalten haben, bei seiner Wiedergeburt bringt er nicht mehr Wissen und Fähigkeiten mit, als er zum Zeitpunkt seines Todes besaß. Die Evolution geschieht in der geistigen Welt nur in dem Maße, wie sie sich in der Materie verwirklicht, im Zusammenwirken von Unbegrenztheit mit Begrenzung, von Geist und Form.

Wer bin ich? Ein Lebewesen mit der viele Milliarden Jahre langen Erfahrung des Lebens mit den Umweltbedingungen. Ein Lebewesen, das somit optimal vegetiert und sich in Wechselwirkung mit Geist befindet. Diese Wechselwirkung schafft das Bewußtsein, das immer Selbstbewußtsein ist, denn es bedeutet Einordnung seiner selbst in die Gesamtheit. Das Werkzeug hierzu ist unser Körper, dem eine Mittlerrolle zwischen Ich und Umwelt zukommt. Auch er ist Umwelt, aber das Ich hat auf ihn einen viel größeren Einfluß als auf alle übrige Umwelt. So ist der Körper das Bindeglied zwischen Materie und Geist, zwischen Form und Idee.

Weshalb aber müssen wir sterben, wenn wir doch wiedergeboren werden? Jeder Körper, ob bei Pflanze, Tier oder Mensch, unterliegt dem Verschleiß. Selbst Gebirge und Meeresküsten haben dasselbe Schicksal. Es kommt der Zeitpunkt, an dem der gealterte, erkrankte oder verletzte Körper nicht mehr zu seiner Bestimmung taugt – zur Kommunikation. Kranke und gebrechliche Menschen richten ihre Aufmerksamkeit notgedrungen immer mehr von der Umwelt weg auf ihren eigenen Körper. Wenn dieser nicht mehr geeignet ist zur Auseinandersetzung mit der Umwelt, dann wird er ausgewechselt gegen einen neuen. Das nennen wir Tod und Geburt.

Es wäre wider alle Praxis der Schöpfung, wenn ein notwendiges Geschehen wie das Auswechseln eines untauglich gewordenen Körpers nicht auch Möglichkeiten zur Erweiterung des Bewußtseins bieten würde. Gewiß kann es neue Geschehnisse im Jenseits nicht geben. Dort aber – so zeigen viele esoterische Berichte – rekapituliert jeder seinen vergangenen Lebensweg. Dort fallen die Hemmschwellen der Erinnerung weg. Mit unserem »Vergessen« hat es eine merkwürdige Bewandtnis. Es scheint nicht möglich, daß wir etwas vergessen können, denn es kann unter gegebenen Umständen erinnert werden. So dürfte im Jenseits wohl alles erinnert werden können, worauf zu Lebzeiten einmal unsere Aufmerksamkeit gerichtet war. Das aber ist das gesamte vergangene Leben in allen seinen Tiefen und Höhen.

Und wenn dieser Lebenslauf wieder und, falls nötig, immer und immer wieder von neuem durchlebt wird, dann kann aus jedem Lebenslauf die größtmögliche Erfahrung gewonnen werden. Oft sind unsere Erlebnisse derart konzentriert, daß sie unmöglich gleich verarbeitet werden können. Und ein ganzer Lebenslauf von Geburt bis zum Tod ist in sich eine Einheit. Als solche kann diese naturgemäß erst nach Beendigung des Lebens in toto betrachtet und verarbeitet werden. So läßt sich ein Traumgeschehen auch erst nach dem Aufwachen analysieren und verarbeiten.

Es zeigen sich weitgehende Parallelen zwischen Schlaf und Tod. Im Schlaf ist alles körperliche Leben auf ein Minimum reduziert, im Jenseits vollends auf Null. Im Schlaf verarbeiten wir die vergangenen Erlebnisse, nicht nur im Traum, auch im Halbschlaf und sogar beim »Tagträumen«. Im Jenseits erfolgt eine optimale Verarbeitung, ungestört durch neue Erlebnisse durch die völlige Trennung vom Körper, von der materiellen Welt.

Diese Verarbeitung geschah teilweise auch schon zu Lebzeiten, wenn unsere Aufmerksamkeit mehr nach innen als nach außen gerichtet war. Folglich sind Erlebnisse der Jugendzeit schon besser verarbeitet als solche des Alters. Da liegt es nahe, daß die Reihenfolge der Verarbeitung »rückwärts« verläuft, vom Sterbevorgang bis zur Geburt.

Niemand kann Rechenschaft fordern über unseren vergangenen Lebensweg, und niemand entscheidet über gut und böse, richtig oder falsch, niemand außer uns selbst. Und wer anders sollte entscheiden, wie oft wir unser vergangenes Leben anschauen wollen und wann wir diesen Film beenden, außer uns selbst? Da ist keine höhere Macht, die uns zensiert. Wenn es sie gäbe, dann würde sie uns ihr größeres Wissen, das sie auf Grund ihrer größeren Reife hat, gewiß nicht vorenthalten, und jedes Neugeborene käme mit einem unvergleichlich tieferen Wissen und Verständnis für das Leben auf die Welt. Nein, wir werden im Jenseits nur jene Erkenntnisse gewinnen, die wir auch zu Lebzeiten aus unserem Leben hätten gewinnen können, wenn wir dort ebenso lange und ungestört hätten hinschauen können. Nichts Gespenstisches ist am Vorgang des Sterbens, nichts, was wir zu fürchten hätten. So wenig wir uns vor dem Einschlafen fürchten müssen, so wenig brauchen wir uns vor dem Entschlafen zu fürchten. Keine anderen Gesetze werden dann wirksam, die nicht auch unser ganzes Leben beherrscht haben. Keine andere Macht ist beim Sterben am Werk als jene, die uns wohlbekannt ist: das Leben als Kraft und Triebfeder allen Geschehens, dem wir uns in jeder Lage voll anvertrauen dürfen und das uns ermöglicht, uns weiterzuentwickeln.

Wenn mit dem Tode nicht »alles aus« ist, so muß es das Wesentliche sein, was erhalten bleibt. Der Körper ist nicht das Wesentliche. Er ist nichts anderes als ein Kommunikationsmittel – ein unübertrefflich sinnvolles, zweckmäßiges, geeignetes, hochempfindliches und trotzdem extrem belastungsfähiges und manchmal bewundernswert schönes Mittel, das austauschbar ist. Man kann Gliedmaßen verlieren oder Fähigkeiten wie das Sehen, und trotzdem ist man kein anderes Wesen.

Das Wesen des Menschen ist es, das nach dem körperlichen Tode weiterlebt. Es ist nicht als fertiges Produkt in die Welt gestellt worden, sondern es entwickelt sich. Entwickeln, das bedeutet Veränderung, und die benötigt Zeit. Zeit aber gibt es nur in der materiellen Welt. So kann es in der geistigen Welt keine Entwicklung geben, keine Evolution. Diese fällt in die Zuständigkeit der Materie.

Kommunikation jedoch gibt es auf beiden Ebenen. In der geistigen Welt dient sie der Aufarbeitung dessen, was die materielle Ebene an neuen Geschehnissen bot. Diese Aufarbeitung ist oft gewiß nicht einfach. So sprechen wir von der Trauerarbeit, die zu leisten ist, oder davon, daß man etwas »noch gar nicht fassen kann«. Das alles bedarf noch intensiver Verarbeitung, und soweit diese nicht im diesseitigen Leben gelingt, ist dazu im Jenseits Gelegenheit. Gewiß ist diese Aufarbeitung auch eine Entwicklung, aber sie wäre eben nicht möglich ohne die Erlebnisse der materiellen Welt. Die Materie bietet gleichsam dem Geiste das Material zur Entwicklung.

Aus dem bisherige Verlauf der Evolution können wir erkennen, daß das Ziel oder ein Etappenziel die Vernetzung des Bewußtseins aller denkender Wesen im All ist. Wo das Ziel aber dieses Bewußtsein ist, weswegen die gigantische Inszenierung des Universums stattfindet, da können die Träger des Bewußtseins doch nicht sofort wieder sterben, nachdem sie einige kurze Erfahrungen in einem einzigen Erdenleben machen konnten. Mag uns ein Menschenleben manchmal auch lange erscheinen, wie kurz ist es doch im Vergleich zur Dauer von den ersten Wasserstoffatomen bis heute, wo sich dieses Bewußtsein gerade eben zu entwickeln beginnt?

Wir sahen aus der Größe des Alls und der viel zu langsamen Fortbewegung von Strahlung, daß das kosmische Bewußtsein nur von denkenden Wesen, von Menschen entwickelt und getragen werden kann. Da ist es nur folgerichtig, daß diese Träger nicht immer wieder vernichtet werden, um von Neuem zu erscheinen. Nirgends in der Schöpfung zeigt sich ein Widersinn. Die Vorstellung von der Reinkarnation folgt zwingend aus diesen Überlegungen, zumal sie in keinem Punkte den Erkenntnissen der Naturwissenschaft widerspricht.

Das Wiedergeborenwerden hat für die Bewußtseinsentwicklung noch einen großen Vorteil gegenüber allen anderen Theorien.

Es ist ja denkbar, daß nicht jeder immer wieder auf demselben Gestirn geboren wird, sondern daß ein Wechsel des Planeten möglich ist. Dann besteht schon jetzt ein gewisser interstellarer Erfahrungsaustausch. So könnten Wesen, die von anderen Gestirnen mit viel älterer Entwicklung stammen, bei uns geboren worden sein und beim Bau der Pyramiden oder der fugenlosen Mauergiganten der Azteken Anleitung gegeben haben. Denn dazu waren Kenntnisse erforderlich, über die wir zum Teil heute noch nicht verfügen. Die Idee der Reinkarnation bietet für vieles, was sonst unerklärlich bliebe, eine einfache Begründung.

Was geschieht mit dem »Ich«? Bleibt es im Tode erhalten? Oder kann es ein Wesen geben ohne Ichbewußtsein? Das wäre ein Widerspruch. Das Wesen, das ist die Identität, das ist das Ich. Und wer sollte etwas aufarbeiten, wenn nicht das Ich, welches der Brennpunkt des Erlebens war? Es ist anders nicht sinnvoll, als daß das jeweilige Ich den Tod überlebt. Dies ist ein Argument gegen die Furcht vor dem Tode. Das Sterben kann zu fürchten sein, aber es ist noch Teil des Lebens und gehört nicht dem Tode an. Der eigentliche Sterbevorgang scheint ein angenehmes Erlebnis zu sein, wie der Gesichtsausdruck jener Verstorbenen vermuten läßt, die sich nicht gegen das Sterben wehrten.

Die Parallele Schlafen – Entschlafen ist überdeutlich. Wer sich nach einem arbeitsreichen Tag »todmüde« schlafen legt, wacht am Morgen erfrischt und gestärkt wieder auf. Man hat sich im Schlaf regeneriert. Wer im Alter müde geworden ist und verbraucht, bringt als Neugeborener eine wunderbare Vitalität mit und eine Kraftreserve, die wieder für ein langes Leben ausreicht. Das Wort »regenerieren«

bedeutet »erholen«, »wieder auffrischen«, wie es uns im Schlaf beschert wird. Doch ursprünglich hieß es »wieder erzeugen«, was gleichbedeutend mit »wiedergebären« ist.

Man könnte sagen, daß die materielle Welt und ihre Lebewesen mit der Höherentwicklung, mit dem Fortschreiten der Evolution, immer wertvoller werden. Zugleich gilt, darauf hat Hoimar von Ditfurth hingewiesen, daß jede erreichte Lebensstufe, ob Einzeller, ob Pflanze, Reptil oder welches Lebewesen auch immer, die wir zurückschauend als Zwischenstufe der Evolution erkennen können, zu ihren Lebzeiten eine vollkommene und vollendete Schöpfung war, eine wundervolle Schöpfung.

DAS ICH

Die Evolution des Bewußtseins begann mit der Ausformung des »Ich«, wodurch sich der Mensch vom Tier zu unterscheiden begann, mit der Feststellung: Ich und alles andere. Der sich seiner selbst bewußt Werdende sieht sich getrennt von aller übrigen Schöpfung. Auf dieser ersten Stufe der Entwicklung sehen wir jene wenig angenehmen Mitmenschen, die nur ihre eigenen Bedürfnisse sehen, nicht aber die der anderen. Dafür haben sie noch kein Empfinden entwikkelt. Unsere menschliche Gesellschaft trägt noch immer den Stempel dieser Stufe. Jeder gegen jeden, scheint die Losung zu sein, mit verhältnismäßig noch wenigen Ausnahmen.

Wir befinden uns offensichtlich in der schwierigsten Stufe der Schöpfung; sie ist nicht ohne Risiko. Wie wir am menschlichen Verhalten sehen, ist die Frage noch ganz offen, ob wir nicht alles Leben auf der Erde zu Fall bringen. Möglicherweise liegt hierin auch die große Zahl von Sonnensystemen im All begründet, wodurch sichergestellt ist, daß sich vielleicht viele, aber längst nicht alle Biosphären auslöschen. Nicht mangelnde Intelligenz ist der Grund, daß wir für die Natur so gefährlich wurden. Es ist nicht mehr und nicht weniger als der Egoismus, die Ichbezogenheit. Nun ist aber gerade sie die Voraussetzung, daß sich Bewußtsein bilden kann, worauf es ja ankommt. Nur wenn wir unseren Egoismus überwinden, haben wir eine Zukunft. Es ist somit die Aufgabe des »Ich«, sich selbst zu überwinden, so wie es für jeden Schulanfänger das Ziel ist, die Schule einst nicht mehr zu benötigen. Schule ist unerläßlich, wenn wir weiterkommen wollen. Aber sie kann nur ein Zwischenstadium unserer Entwicklung sein. Ebenso kann unsere Ichbezogenheit nur ein Übergangsstadium sein. Am Ende der dritten Evolutionsstufe wird die Ichhaftigkeit überwunden sein, durch eine heute noch kaum zu erahnende Erweiterung unseres »geistigen Horizonts«, unseres Bewußtseins. Dann gilt nicht mehr, was Jesus gesagt haben soll: »Ich und der Vater sind eins«, sondern: »Wir alle sind eins miteinander und eins mit der ganzen Schöpfung.«

Daß wir zu diesem Ziel unterwegs sind, können wir heute schon erlebnismäßig erahnen, etwa, wenn wir ein erheblich verletztes Lebewesen, Tier oder Mensch, sehen. Sogleich erleben wir diese Verletzung mit, manchmal so intensiv, daß uns schlecht wird. Welche enge Verbindung muß zwischen zwei Menschen bestehen, die sich zuvor noch nie begegnet sind, wenn jemand beim Anblick eines Schwerverletzten in Ohnmacht fällt oder beim Schlachten eines Tieres! Wären wir alle nur Individuen, so würden wir solche Verletzung bei anderen mit unserem Bewußtsein ohne eine gefühlsmäßige Beteiligung registrieren.

In dieser gefühlsmäßigen Beteiligung wird die Identität aller Lebewesen erlebbar. Mit wachsender Sensibilität kann man beim Blick in die Augen eines anderen Wesens erleben, daß man in einen Spiegel blickt und somit seine eigenen Augen sieht. Daß diese Identität auch zwischen uns und der Pflanzenwelt besteht, ist weniger offensichtlich, jedoch ebenso erlebbar, und sie gilt auch für die unbelebte oder besser gesagt, die anorganische Natur. Denn sie gilt für alles, was ist. Die Schöpfung, das Universum ist Identität, ist All-Ein.

Wenn wir erkennen, daß Identität, daß Einssein das Ziel menschlicher Dynamik ist, dann dürfen wir mehr und mehr erleben, daß der Weg dahin schon zum Erlebnis wird, das sich mit höchstem Glück verbindet, mit Liebe.

Seit Darwin die Naturgesetzlichkeit der Entwicklung erkannte, sind inzwischen gut 100 Jahre vergangen. Für viele von uns hat seine Entdeckung offenbar noch keine Konsequenzen, und die Kirchen ignorieren sie aus verständlichen Gründen ganz. Sie geben als Religion aus, was lediglich Konfession ist, und nennen jeden, der sich von aller Konfession befreit hat, religionslos, atheistisch. Allgemein gilt ein Atheist als primitiver, oft bösartiger Mensch. Doch unsere größten Dichter, Denker, Mystiker und Humanisten waren konfessionslos, und vermutlich würde der uns aus dem Neuen Testament überlieferte Jesus auch in dieses Bild passen. Sie alle priesen die Einheit der Schöpfung, wogegen die Kirchen eine von Gott abgefallene lehren.

Jesus sagte gemäß Joh. 10,30: »Ich und der Vater sind eins!« Daß er diese Einheit nicht nur auf sich, sondern auf alle bezieht, geht aus Lukas 17,21, hervor: »Denn sehet, das Reich Gottes ist inwendig in euch!« Diese Erkenntnis ist schon viel älter. Am Tempel des Apoll zu Delphi stand außen: »Erkenne dich selbst!« Wer ins Innere des Heiligtums gelangte, las dort: »Dann erkennst du Gott!« Im Mittelalter sagte Meister Eckart: »Gott und ich, wir sind eins!«, und zweieinhalb Jahrhunderte später Jakob Böhme: »Himmel und Erde und alles, was darinnen ist, und Gott selbst wohnen im Menschen.« Der Volksmund bringt dieselbe Erkenntnis auf die Kurzformel: »Hilf dir selbst, dann hilft dir Gott!«

Alle diese Botschaften aus ganz verschiedener Zeit zeigen ein Weltverständnis voller Einheit von Schöpfung und Geschaffenem. Welche Einsicht muß Meister Eckart schon vor 700 Jahren gehabt haben, als er sagte: »Wenn wir ein kleines Blümelein ganz und gar so, wie es in seinem Wesen ist, erkennen könnten, so hätten wir damit die ganze Welt erkannt!« Läßt sich noch deutlicher ausdrükken, was Religion ist?

LIEBE

Die Entwicklung des Menschen über die tierische Ebene hinaus beginnt auf der materiellen Bewußtseinsstufe. Der Körper, das Ich, steht im Mittelpunkt des Interesses, und ringsherum, auf der Peripherie, ist alles übrige. Daher bezieht der primitive Mensch alles auf sich – auf Erden wie auch am Himmel –, wie etwa die Konstellation von Gestirnen bei der Astrologie. So ist auch das, was er »Liebe« nennt, zunächst ein einseitiges Nehmen, ein Empfangenwollen, denn er ist ja der Mittelpunkt der Welt. Das Objekt seiner Zuneigung bringt ihm Vorteile. Das Kleinkind liebt die Mutter, weil sie ihm Nahrungsquelle und Geborgenheit bedeutet.

Diese Ichbezogenheit ist nicht die Folge einer menschlichen Fehlentwicklung, sondern sie ist naturgewollt. Sie ist notwendig, damit Entwicklung möglich wird. Wäre alles Geschaffene von Anfang an vollkommen, so könnte es keine Entwicklung geben und damit weder Freiheit noch Liebe.

Das Entwicklungsziel der Schöpfung beginnt bezüglich des Menschen mit seiner Ichsucht. Bis zu höheren Seinsweisen, wie Verantwortungsbewußtsein, Hilfsbereitschaft, Mut, Verzichtenkönnen, Nächsten- und All-Liebe ist es ein weiter Weg. Dann aber steht das Ich nicht mehr im Mittelpunkt des Geschehens, es bleibt nicht mehr Selbstzweck. Das Ich reiht sich freiwillig, durch Einsicht, ein in den Umkreis um ein neues Zentrum. Es erkennt sich gleichberechtigt mit aller übrigen Schöpfung, mit der Natur, den Pflanzen, Tieren,

Mitmenschen. Dann kann es keinen Haß mehr geben, keine Gewalt, keinen Neid, keine Eitelkeit oder Habgier. Mehr und mehr wird die Triebfeder für alle Lebensäußerungen eine Liebe, die gibt, ohne zu fordern. Diese Liebe kann aber auch nicht »selbstlos« sein, was manchen als Ideal erscheint. Wer sich eingereiht hat in den Umkreis um ein Zentrum (den Schöpfer), weiß sich gleichberechtigt und gleichwertig mit allen andern – nicht mehr und nicht weniger!

Erich Fromm sagt hierüber in seinem Werk DIE KUNST DES LIEBENS: »Wenn ich einen Menschen wahrhaft liebe, so liebe ich alle Menschen, so liebe ich die Welt, so liebe ich das Leben. Wenn ich zu einem anderen sagen kann: ›Ich liebe dich‹, muß ich auch sagen können: ›Ich liebe in dir auch alle anderen, ich liebe durch dich die ganze Welt, ich liebe in dir auch mich selbst!‹«

In der deutschen Sprache kennen wir für eine Vielzahl von verschiedenen Begriffen leider nur das eine Wort »Liebe«. Man kann das Geld lieben oder ein Kind, es gibt die »platonische Liebe«, und beim Geschlechtsverkehr spricht man auch von »Liebe machen«. Kurios ist auch die Steigerungsform lieb – lieber – am liebsten. Anstatt zu sagen: »ich trinke den Kaffee lieber ohne Zucker« wäre zutreffender, von mehr mögen oder vorziehen zu sprechen.

Liebe ist eine Beziehung vom Ich zu etwas außerhalb des Ich. Wie ein Lichtstrahl, von einer Lichtquelle ausgehend, auf etwas trifft, das außerhalb dieser Lichtquelle ist, so ist Liebe zielgerichtet vom Ich auf anderes. Durch das Ich ist Liebe an Bewußtsein gebunden. Damit ist Liebe derselben Wandlung unterworfen wie auch das Bewußtsein. Man kann auch sagen, Liebe und Bewußtsein sind identisch. Im paradiesischen Zustand kannte der Mensch noch kein Bewußtsein und somit auch keine Liebe.

Liebe entwickelt sich zunächst am stärksten als Beziehung zwischen zwei Menschen. So vielfältig ihre Strebungen auch sein mögen, so ist sie letztlich immer das Bedürfnis nach Einswerdung und im Endzustand das Einsgewordensein. Das Bewußtsein erweitert sich mit fortschreitender Entwicklung von einer engen Du-Beziehung zu immer komplexeren Strukturen wie Familie, Gruppe, Menschheit, Umwelt bis hin zum gesamten Weltall. Eine Voraussetzung für diese universale Erweiterung der Liebesbeziehung ist die allmähliche Überwindung des Besitzenwollens.

Aus Liebe kann niemals Haß werden, weil Liebe keine Gegenleistung erwartet. Daher kann Liebe auch nicht enttäuscht werden. Ein Arzt und Erzieher, Janusz Korczak, begleitete die ihm anvertrauten Kinder freiwillig in Treblinka in die Gaskammer, um sie in ihrer schwersten Stunde nicht alleine zu lassen. Er erwartete keinen Dank, keine Gegenleistung. Er lebte im Seinszustand der Liebe.

Zum Umfeld der Liebe gehört auch die Erotik. Eros war bei den Griechen der Gott der Liebe. Sie verstanden aber unter diesem Begriff auch das Streben nach Erkenntnis und schöpferischer geistiger Tätigkeit, was eine Liebe zum Universum zur Voraussetzung hat. Sie ist angesiedelt zwischen Philosophie und Sexualität. Erotik ist nur in Verbindung mit einem dieser beiden Begriffe möglich oder auch mit beiden gemeinsam, aber nicht allein. Beim Sexus ist das Mittel des Strebens der Trieb, bei der Erotik die Stimmung, bei der Philosophie das geahnte Ziel. Ist dieses Ziel, die Einheit erreicht, dann ist dies der Zustand der Liebe. Dieser Zustand ist keineswegs statisch. Er konnte nicht als fertiges Produkt der Schöpfung entstehen, sondern es bedurfte der gigantischen Inszenierung des Universums, und die Liebe weiß um ihren langen Entwicklungsweg. Liebe ist der Endzustand aller Entwicklung, die Überwindung aller Begrenzung und integriert Endlichkeit mit Unendlichkeit.

In diesem Zusammenhang ist auch Zärtlichkeit zu nennen. Sie ist Liebkosen, Anschmiegen, Nähe und Berührung. Das setzt Vertrautheit voraus, Vertrauen. Zärtlichkeit ist ganz allgemein der emotionale Ausdruck für unser Entwicklungsziel, das Einswerden. Dies zeigt sich besonders deutlich, wo sie zur äußersten oder besser gesagt, innigsten Berührung führt, zum Ineinander und Miteinander beim Geschlechtsakt.

Sehen wir den Kontakt zweier Menschen als den Versuch an, miteinander *eins* zu werden, die Polarität zu überwinden, das Schöpfungsziel des Einswerdens mit allem hier wenigstens mit einem einzigen Menschen zu erreichen, so verliert der Geschlechtsakt alle Peinlichkeit.

Es kann wohl kein Zufall sein, daß solches Bemühen um das Schöpfungsziel von der Natur mit Freude und Lust verbunden wurde. Wo die Schöpfung aber als eine von Gott abgefallene, eine sündige, verstanden wird, ist es folgerichtig, alles zu verteufeln, was Freude macht wie Sexualität, und das Leid in den Vordergrund zu stellen: das schmerverzerrte Anlitz des Gekreuzigten, Kasteiungen, Fasten bis hin zum mittelalterlichen Flagellantentum.

Welch eine Freude sollte es dagegen sein, seinen Kindern von der Beglückung der liebevollen Vereinigung der Geschlechter zu berichten, wie beim Menschen die Sexualität eine viel weitergehende Aufgabe hat als sonst in der Natur, daß sie Ausdruck ist für das Einswerden mit dem »Du«, mit der ganzen Schöpfung. Dann nehmen die Kinder Teil am Glück der Eltern, das diese bei solcher Mitteilung ausstrahlen, weil sie nun wiederum eins werden mit Mutter und Vater, eins werden im gegenseitigem Vertrauen und Zutrauen.

Dabei sind Eltern und Kinder dem Wesen des Menschlichen ganz nahe, das wir einerseits auch mit Pflanzen und Tieren gemeinsam haben, das uns zugleich aber durch unsere Emotionalität weit über sie hinausführt: Sexualität und Liebe. Unsere Sexualität ist der körperlich-emotionale und Liebe der geistig-emotionale Ausdruck für das Ziel des Universums, das Einswerden.

WAHRHEIT UND FREIHEIT

»Die Wahrheit wird euch frei machen.« Diese Worte aus Joh. 8,32 stehen in goldenen Lettern über dem Hauptgebäude der Freiburger Universität. Was sagen sie uns? Zunächst wird einsichtig, was sie nicht sagen: was Wahrheit ist und was Freiheit ist. Sie sagen jedoch, daß Wahrheit und Freiheit zusammengehören.

Welches Ringen fand schon statt im stillen Kämmerlein um den Begriff »Wahrheit«. Und wieviel Blut ist geflossen für den Begriff »Freiheit«. Man denke etwa an die Französische Revolution und an ihr Motto: »Freiheit, Gleichheit, Brüderlichkeit«. Das hört sich gut an, ist in sich aber ein Widerspruch. Daher mußte diese Revolution scheitern. Zwar wurde die eine Knechtschaft beseitigt, sie wurde jedoch sofort durch eine andere ersetzt. Freiheit verträgt sich nicht mit Gleichheit. Alle Uniformierten sind unfrei. Gleichheit für alle, das erinnert an ein Getreidefeld, wo jeder Halm dem anderen gleicht. Dahinter steht jedoch nicht Freiheit, sondern Zwang. Freiheit wird meist so verstanden, daß jeder tun und lassen kann, was er gerade will. Dann wären auch Tiere frei. Wenn der Vogel sein Nest baut, hindert ihn gewöhnlich nichts daran, dies zu tun. Doch frei ist er nicht.

Der Freiheitsbegriff bezieht sich nur auf den Menschen, auf ein Wesen mit Selbstbewußtsein. Es ist ein sehr weit gefächerter Begriff. Der geübte Schwimmer kann sich im Wasser frei fühlen, der Nichtschwimmer nicht. Doch das Wasser ist nicht Ursache seiner Unfreiheit, sondern seine Unfähigkeit, mit dem Wasser umzugehen. Diese

Freiheit ist gewissermaßen die unterste Stufe von Freiheit, nämlich eine Frage der Fertigkeiten, des Könnens. Eigentlich ist dies noch gar keine Freiheit. Was diese ist, zeigte uns Sokrates, der sich als den glücklichsten Menschen bezeichnete, selbst als er, zum Tode verurteilt, schon den Becher mit dem tödlichen Gift in Händen hielt.

Freiheit verlangt das Opfer der Geborgenheit. Wer den Mut nicht aufbringt, die Geborgenheit zu verlassen, wird die Freiheit nie erreichen können. Eine völlige Geborgenheit hatte der Mensch im Paradies, das vielen noch immer als der bestmögliche Zustand erscheint. Aber dieser Zustand war jenseits aller Freiheit. Diese läßt sich nur erreichen durch Verzicht auf Geborgenheit. Der Heranwachsende verläßt die Geborgenheit des Elternhauses, weil er die Freiheit der Selbstverwirklichung sucht.

Freiheit und Mut lassen sich nicht trennen. Sie sind zugleich die Bedingungen für Leben, denn Leben ist eine Manifestation von Mut und Freiheit. Sein Ende, das Sterben, ist eine Rückkehr in die Geborgenheit.

Was ist eigentlich Geborgenheit? Bergen, verwahren, verbergen, verstecken. Wer sich verstecken muß, ist unfrei und kann sich nicht selbst verwirklichen. Und doch begleitet jeden Menschen, auch den mutigsten, eine Sehnsucht nach Geborgenheit. Diese Sehnsucht ist nur scheinbar ein Widerspruch. Denn der Mensch wird die Geborgenheit wieder erreichen, aus welcher er herausgetreten ist: am Ende seiner Entwicklung, am Ziel. Im bewußten und erlebten Einssein mit der ganzen Schöpfung liegt die größtmögliche Geborgenheit; nun nicht mehr im Widerspruch zur Freiheit, wie es innerhalb der Polarität galt. Im Einssein mit der Schöpfung liegt die optimale Geborgenheit. Nichts kann den Menschen dann noch ängstigen oder nötigen. Seine Geborgenheit ist dann von anderer Qualität, nicht mehr Flucht vor der Realität des Lebens. Das läßt sich vergleichen mit Menschen, die im Floß oder Segelboot das Weltmeer überquerten. Es erforderte unerhörten Mut, die bergenden Gestade ihrer gewohnten Umwelt zu verlassen, einen unbändigen Freiheitsdrang, das Meer mit der Kraft des Windes zu überqueren. Doch am Ziel, wenn alle Gefahren und Strapazen der Überfahrt überwunden sind, wird wieder eine Geborgenheit erlebt: nun nicht mehr eine geschenkte, sondern eine erworbene; eine Geborgenheit nicht mehr anstelle von Freiheit, sondern in Freiheit.

Kein Wesen kann plötzlich aus dem Zustand von Unfreiheit zur Freiheit gelangen. Wer beispielsweise bei sich eine zu große Abhängigkeit von der Meinung anderer und von deren Willen erkennt, kann sich hiervon durch Erkenntnis seines Eigenwertes und seiner Ziele frei machen. Schon das Erreichen dieser partiellen Freiheit wird schwere Arbeit an sich selbst erfordern. Danach kann man sich aber noch in vielen anderen Beziehungen unfrei fühlen, und es wird jedesmal wieder große Mühe erfordern, ein weiteres Segment seines Wesens zur Freiheit zu führen. Freiheit erreichen wir immer nur schrittweise. Doch jeder weitere Schritt in diese Richtung macht ein Wesen freier: freier von hinderlicher, einschränkender Abhängigkeit, um fähiger zu werden, seine Ziele zu verwirklichen.

Wahrheit, wie sie Johannes versteht, will erkannt sein. Der komplette Vers 8,32 lautet: »[...] und werdet die Wahrheit erkennen, und die Wahrheit wird euch frei machen.«

Ein Erkennen, das zur Wahrheit führen kann, ist ein Verstehen natürlicher Gegebenheiten, in die wir mit verstrickt sind. Daher läßt dieses Erkennen den Beobachter, den Erkennenden nicht draußen, sondern bezieht ihn mit seinem ganzen Wesen in das Geschehen ein.

Johannes macht sich seine Wahrheits- und Freiheitssuche jedoch recht einfach. Mit dem Erkennen allein ist ja noch nichts gewonnen, wenn das Erkannte nicht zur Änderung unserer Bemühungen, unserer Lebensweise führt. Und das ist gewiß nicht weniger schwierig als das vorausgehende Erkennen. Johannes bleibt jedoch nichts anderes übrig, als auf halbem Wege stehen zu bleiben, wenn er seinem Meister nicht widersprechen will, den er mit den Worten zitiert (14,6): »Ich bin der Weg und die Wahrheit und das Leben [...].« Da ist nichts berichtet von Arbeit an sich selbst. Es soll genügen, an Jesus zu glauben, um zur Wahrheit und zu einem Leben in Freiheit zu gelangen. Wenn das so einfach wäre ... Wahrheit ist kein Gut an sich wie Freiheit, sondern ein Mittel zum Ziel. Wahrheit bildet die vielen Stufen, die zur Freiheit führen. Irrtümer weisen keinen Weg zur Freiheit, nur Wahrheiten. Sie sind das Erkennen von objektiv gültigen Zusammenhängen.

Freiheit ist das noch unerreichbare, aber erstrebte Ziel. Sie ist ein großartiges Leitbild, seit Menschen ihre Abhängigkeiten erkennen. Wenn alle Begrenzungen in Verwirklichung des All-Einen überwunden sein werden, dann ist dieser Zustand ohne jegliche Einschränkung Freiheit. Dieser uralte Menschheitstraum wird irgendwann gültiges Sein – vielleicht erst in Jahrmilliarden.

DAS GEWISSEN

Unter Gewissen verstehen wir eine der Eigenschaften, über die nur wir Menschen verfügen. Es hängt mit Wissen zusammen, wie auch das Bewußtsein. Was haben beide Begriffe darüber hinaus gemeinsam, und worin unterscheiden sie sich? Das Bewußtsein ist ursprünglicher. Es bildet das Ich und schafft somit die Voraussetzung zur Menschwerdung. Wo noch kein Bewußtsein ist, da ist auch Gewissen nicht möglich. Nun kennt jeder oder weiß von Menschen, die als solche Bewußtsein haben, aber gewissenlos sind. Das sind recht unangenehme Zeitgenossen. Diese sind aber, wie wir sahen, Menschen mit noch wenig entwickeltem Bewußtsein. Kein Tier hat Gewissen, denn es braucht keines. Beim Gewissen handelt es sich demnach um eine Steuerung der Lebensführung. Wer gewissenhaft lebt, gibt sich offenbar ganz andere Lebensziele vor als ein Gewissenloser. Damit ist Gewissen vergleichbar mit dem Kompaß des Kapitäns auf hoher See. Dieser ermöglicht ihm zuverlässig, den gewünschten Kurs einzuhalten. Und eben dies ermöglicht uns auch das Gewissen.

Beim Kompaß wissen wir, woher dieser die Fähigkeit hat, auch bei größten Turbulenzen von Sturm und See stets in dieselbe Richtung zu zeigen. Es ist das auf Nord-Süd ausgerichtete Magnetfeld der Erde. Eine analoge Ausrichtung bietet auch das Gewissen, um unser Lebensschiff bei allen Turbulenzen immer auf Kurs zu halten. Was ist es aber, worauf unser Gewissen ausgerichtet ist?

Hier kann uns wieder unsere wundervolle deutsche Sprache weiterhelfen. Ge-wissen. Die Vorsilbe »ge« bezeichnet oft etwas Zusammenhängendes und Gleichartiges in seiner Gesamtheit: Gebrüder sind alle Brüder. Beim Geläute klingen alle Glocken. Das Geäst ist die Summe aller Äste. So muß das Gewissen ein Wissen von äußerstem Umfang sein, wie es kein Mensch haben kann. Denn unser Wissen wird immer beschränkt bleiben. So zapfen wir im Gewissen irgendeine Quelle von Wissen, von Weisheit an, die viel mehr weiß als wir. Manchmal sind wir mit dieser Quelle im Traum verbunden, wenn uns dort Einsichten geschenkt werden, die uns im Wachbewußtsein nicht zugänglich waren. Ein Beispiel hierfür schildert der Chemiker Keculé. Er suchte schon lange nach der Strukturformel für Benzol, das aus sechs Wasserstoffatomen und sechs Kohlenstoffatomen besteht. Wie immer er die Kette der Atome auch anordnete, an den Enden fehlte immer eine Wertigkeit. Da träumte er, wie sich sechs Tänzer an den Händen hielten und in einer Reihe tanzten. Dann bildeten sie einen Kreis, indem sich der erste und der letzte auch an den Händen faßten. Beim Erwachen fand Keculé die Lösung, den Benzolring, der Grundlage aller organischen Chemie wurde.

Im Falle eines solch kreativen Traumes sprechen die Psychologen vom persönlichen oder kollektiven Unbewußten. Doch viel weiß man hierüber noch nicht. Es muß aber mehr sein als die Summe allen menschlichen Wissens. So hatte vor Keculés Traum noch niemand etwas von der Möglichkeit einer Ringbildung der Kohlenstoffatome gewußt. Auch kann es sich beim Gewissen nicht nur um eine noch so große Summe von Wissen handeln, es muß noch etwas anderes sein. Das Gewissen kann einen Menschen derart stark steuern, daß es stärker wirkt als der Selbsterhaltungstrieb und jemand sein Leben opfert. Man kann auf das Gewissen hören und sich von ihm leiten lassen oder auch nicht. Niemals aber führt das Gewissen in Richtung Destruktion und Separation. Es führt immer zur Integration und damit in die gleiche Richtung wie die Evolution.

Folglich liegt der Schluß nahe, daß das Gewissen eine Verbindung des Bewußtseinsträgers Mensch mit der geistigen Macht ist, die die Evolution vorantreibt und steuert. Das Gewissen ist der »direkte Draht« zwischen Schöpfung und Geschöpf. Durch diese unaufdringliche Führung können wir uns zu optimaler Lebensgestaltung anleiten lassen. Wer auf sein Gewissen hört, kann niemals einen Fehler begehen, denn er hört auf den weisesten Ratgeber, den es gibt.

POLARITÄT

Von welchem Standort aus man die Schöpfung betrachtet, sie tritt uns in jeglicher Erscheinung polar entgegen. Mann – Weib, warm – kalt, hell – dunkel, gut – böse. Wir benötigen diese Polarität, um erkennen zu können. Nehmen wir einen der Pole weg, so verschwindet auch der andere. Einatmen können wir nur, wenn wir auch ausatmen. Die Sonne erkennen wir nur deshalb als hell, weil es Dunkelheit gibt. Um zu erkennen, benötigt unser Auge sowohl das Helle als auch das Dunkle. Denn ohne Licht sehen wir im Dunkel nichts, aber auch im grellen Licht, ohne Dunkelheit, ohne Kontraste, sind wir geblendet und können nichts sehen. Wir benötigen beide Pole, und wir benötigen sie zugleich.

Diese Beispiele für Polarität sind so gewählt, daß sie zu drei ganz verschiedenen Kategorien gehören, was auf den ersten Blick kaum zu bemerken sein dürfte. Denn wo es keine Polarität gibt, da schafft unser Gehirn welche, um erkennen zu können. Die Gegensätze Mann–Weib sind von der Natur geschaffen, nicht aber warm–kalt. Kälte hat keine eigene Existenz. Damit bezeichnen wir das Fehlen von Wärme. Genauso ist es mit hell–dunkel. Ein dunkles Zimmer kann man erhellen, indem man Licht hineinbringt, etwa eine Kerze anzündet. Umgekehrt aber kann man ein helles Zimmer nicht verdunkeln, indem man Dunkelheit hineinbringt. Man kann nur dem Licht den Zutritt verwehren. Noch anders verhält es sich mit der Polarität Gut–Böse. Diese Begriffe sind nicht Produkte der Schöpfung, sondern lediglich unsere Bewertungen. Daher können sie auch keine Allgemeingültigkeit haben. Was der eine für gut hält, wird einem anderen als schlecht erscheinen.

Die Eigenschaft eines Gegenstandes ist immer die eine Hälfte der Polarität. Doch nicht nur ihre Erscheinungsweise, sondern auch der Aufbau der Materie ist polar. Der Atomkern ist positiv, die Elektronen um ihn herum sind negativ geladen. Polarität ist somit ein Konstruktions- und Wirkungsmerkmal der Materie und Vorbedingung, um sie erkennen zu können. Wo es aber keinen Gegenpol gibt wie bei Mann – Frau, sondern nur eine einzige Seinsweise wie bei Licht und Wärme, da erschafft unsere Vorstellung den Gegenpol selbst.

Polarität war Voraussetzung zur Menschwerdung, dem Ich-Bewußtsein: Ich und alles andere. In der Polarität erkennen, erleben und leben wir. Und immer müssen wir uns entscheiden für das eine oder andere. Daß wir die Wahl der Entscheidung haben (und auch oft die Qual), ist eine Voraussetzung, Mensch zu sein. Entscheidung aber ist scheiden, trennen, ist Separation. Die Schöpfung strebt von der extremsten Separation (als es nur Wasserstoff gab), zur größtmöglichen Integration. Da wir Teil der Schöpfung sind, kann auch nur dies unser Weg sein. Wir bekamen von der Natur die Aufgabe, allmählich die Polarität zu überwinden. Das ist für unseren Intellekt nicht sehr schwierig. Das Erkannte aber mit der Zeit auch zu verwirklichen, die Einheit der Schöpfung auch zu erleben und selbst zu leben, das ist ein weiter, weiter Weg.

Wie kann man Polarität überwinden? Es ist dasselbe, wie allmählich immer mehr Bewußtsein zu erlangen, immer mehr Humanität, Menschlichkeit. Immer mehr, das bedeutet stufenweise. Ein Fußballfan könnte damit beginnen, nicht mehr »seiner« Mannschaft den Sieg zu wünschen und darauf zu hoffen, daß der Gegner Fehler mache, sondern sich ein faires Spiel zu wünschen, sich an guten Leistungen zu erfreuen, egal von welcher Partei. Dies wäre Überwindung seines Verhaftetseins in die Polarität bezüglich eines Fußballspiels. Er würde bald mit Erstaunen feststellen, daß es viel mehr Freude macht, solchem Wettkampf als unparteiischer Zuschauer zu folgen denn als Parteiischer, Einseitiger. Auch käme er bald zu der Erkenntnis, wie dumm es war, sich über die Verletzung eines gegnerischen Spielers zu freuen und demjenigen, der ihm ein Bein stellte, zuzujubeln.

Nach einer solchen Vorübung könnte man versuchen, einen Menschen, von dem man geschädigt und betrogen wurde, nicht zu hassen, sondern ihn in seiner Schwäche zu erkennen, wie er den Betrug nötig zu haben glaubte. Einem solchen Menschen Besserung zu wünschen anstatt Unheil, ist schon ein großer Schritt vorwärts zur eigenen Entwicklung.

In diese Richtung führt auch jeder persönliche Einsatz für die Allgemeinheit, der einem selbst scheinbar keinen Nutzen bringt.

Wenn man sich auf diesem Wege befindet, erkennt man an sich viele Schwachstellen, wo man noch an die Einseitigkeit der Polarität gebunden ist. Wenn man sich immer wieder bemüht, aus dieser Einseitigkeit herauszukommen und auch den Gegenpol in sich zu integrieren, dann vollbringt man das Menschenmögliche, das so schwer und schier unmöglich ist. Doch man kann sich selbst keinen größeren Dienst erweisen, als sich auf diese Weise um die Erkenntnis zu bemühen, daß auch der Gegenpol, der mir so widerstrebt, ein gleichberechtigter Teil der Schöpfung ist, ohne den es auch meine eigene Entwicklung nicht geben könnte. Wer sich solcherart bemüht, dem wird jeder Tag neue Erkenntnisse und wunderbare Erlebnisse bringen. Man benötigt immer weniger die äußeren materiellen Gegebenheiten, um sich wohl zu fühlen. Einst sagte Sokrates, als er über den Markt von Athen ging: »Was gibt es doch alles, das ich gar nicht benötige!« Wenn wir uns so allmählich lösen von den materiellen Dingen, erkennen wir mehr und mehr das Ziel.

Um nicht mißverstanden zu werden: Sich von der Parteilichkeit zu lösen heißt nicht, den Gegebenheiten dieser Welt neutral, unbeteiligt gegenüberzustehen. Das Integrieren der Polarität ist das Gegenteil von unbeteiligter Neutralität. Es erfordert größte innere Anteilnahme.

NATURGESETZ. NATURGESETZ?

Unter Naturgesetz verstehen wir eine feststehende Beziehung zwischen den Erscheinungen. Aber das Wort »Gesetz« ist hierfür eine denkbar schlechte Wahl. Trotzdem verwende ich diesen Begriff auch. Es liest sich flüssiger. Aber ich schulde dem Leser eine Richtigstellung:

Ein Gesetz ist eine von Menschen festgelegte Regelung, die, wenn auch bei Strafe, übertreten werden kann. Und ein Gesetz gestattet Ausnahmen. Es wird früher oder später geändert oder aufgehoben. So wurde unser Grundgesetz schon viele Male geändert, weil dies der jeweils herrschenden Schicht opportun erschien. Ein Gesetz kann so oder anders ausgelegt werden und unterliegt der Willkür. Nicht so die Natur. Seit Erschaffung ihrer Bausteine vor Jahrmilliarden haben sich ihre Grundlagen, ihre gegenseitigen Beziehungen nicht geändert. Die Beziehung der Atome und Moleküle zueinander ist unveränderlich. Was sich ändert, und das in jedem Augenblick, ist die Auswirkung dieser Beziehung, die Welt der Erscheinung, die Wirklichkeit.

Die Wirklichkeit, die wir erleben und auch nicht erleben können, ist die Folge der jeweiligen Konstellation aller Atome im Weltall. Jedes wirkt auf jedes andere in einer Weise ein, die bei ihrer Erschaffung ein für alle Male festgelegt wurde. Diese Beziehung als gesetzmäßig zu verstehen heißt, sie zu vermenschlichen. Einen Gesetzgeber kann man um Änderungen und Ausnahmen bitten. Auf die Natur übertragen, setzt das eine Allgewalt personaler Art voraus, die willkürlich herrscht und wie ein menschlicher Potentat belohnt und bestraft, um seine Macht zu sichern. Das ist die konfessionelle Vorstellung von Gott (dem Herrn!). Diese Vorstellung hat aber in der Wirklichkeit keine Entsprechung.

Es fällt uns gewiß nicht leicht, uns endlich von der Idee einer Allmacht im Sinne von Willkür zu trennen, denn wir erleben ständig, wie wir selbst willkürlich in das natürliche Geschehen eingreifen können. Und wenn schon wir mit unserer beschränkten Macht und Intelligenz das können, wie sollte nicht die unvergleichlich umfassendere Macht und Intelligenz, die der Natur zugrunde liegt, dazu nicht erst recht die Fähigkeit besitzen?

Hier nun gilt es zweierlei zu bedenken. Wir müssen eine Allmacht voraussetzen, die alles Geschehen in Gang gesetzt hat und es weiterhin trägt. Es gibt aber keine Notwendigkeit zu der Annahme, daß diese Allmacht noch nachträglich Änderungen vornehmen könnte. Das Gegenteil ist der Fall. Je besser wir das Geschehen erforschen und verstehen, um so besser verstehen wir seine Zwangsläufigkeit.

Wenn ich einen Stein aus der Hand fallen lasse, so wird er immer senkrecht nach unten fallen, sofern außer der Erdanziehung keine anderen Kräfte auf ihn einwirken. Kein Mensch und kein Gott können die Fallrichtung ändern. Denn sie folgt den bei Erschaffung der Materie festgelegten, unabänderlichen Regeln. Diese Unabänderlichkeit ist Voraussetzung für die Zuverlässigkeit im Naturgeschehen. Ohne sie wäre alles ein sinnloses Durcheinander.

Die Geradlinigkeit der Naturentwicklung auf ein jeweiliges Ziel hin – die Evolution – ist nur möglich, weil es nach Erschaffung der Materie keine Einflußnahme der Schöpfung mehr gibt. Diese Erkenntnis bedeutet nicht etwa eine Herabminderung der Schöpfung, sondern sie ist die einzige Möglichkeit, deren Großartigkeit und Erhabenheit zu erahnen, denn sie hat ohne jede spätere Korrekturmöglichkeit die Weichen gleich zu Beginn so zu stellen vermocht, daß dieses wunderbare Weltall daraus entstand, ja, daß es entstehen mußte.

Zum anderen neigen wir zu dem Fehlurteil, daß Intelligenz immer auch Bewußtsein erfordere. Die Natur lehrt uns aber etwas anderes. Je mehr wir von der Immunabwehr, den Vererbungsvorgängen oder den Kräften im Atom verstehen, um so deutlicher erahnen wir die unvorstellbare Intelligenz, die im Naturgeschehen investiert ist. Aber sie ist ohne jegliches Bewußtsein, das heißt, ohne ein Wissen von sich selbst. Bewußtsein heißt, bewußt sein; sich dessen bewußt zu sein, daß man ist; nicht nur dazusein wie ein Stein, sondern auch darum zu wissen.

Wenn wir ein gutes Mittagessen verzehrt haben, muß kein Bewußtsein den Verdauungsorganen sagen, was sie zu tun haben und weshalb. Sie werden in bestmöglicher Weise tätig, wie es die jeweilig Gegebenheit, etwa die Art der Speise, erfordert. Unsere Intelligenz kann nie ausreichen, diese Vorgänge zu steuern, dazu noch den übrigen Körper sowie die Atmung, die Wärmeregulierung, das Gleichgewicht usw. Das alles geschieht unbewußt. Und ebenso unbewußt ist alles Geschehen in jeglichem Lebewesen und auch im anorganischen Bereich wie beim Schneefall oder dem Kreisen der Planeten um die Sonnen. Zu all dem ist alles Geschehen auch noch aufeinander abgestimmt, so daß ein anfangs vorgegebenes Ziel irgendwann einmal erreicht werden wird.

Eine solche Zielvorgabe müssen wir annehmen, weil ohne sie sich niemals Sonnen und Planeten entwickelt haben würden, und kein Regenwurm und kein Mensch. Es ist gänzlich undenkbar, daß die gigantische Inszenierung der Schöpfung, von der wir ein Teil sind, geschah, ohne daß damit etwas bezweckt worden wäre. Aber es geschah ohne Bewußtsein. Dieses setzt eine Gegenüberstellung zur Wirklichkeit voraus, eine Opposition zur Schöpfung, die sie damit in Frage stellt. Dies ist der Grund, weshalb die Schöpfung kein Bewußtsein benötigt und auch nicht haben kann.

Bewußtsein existiert zunächst ebenso punktförmig wie die materielle Weit, als es nur Wasserstoffatome gab. Jeder Bewußtseinsträger, jeder Mensch ist ein Einzelwesen, das sich von jedem anderen unterscheidet. Wie sich aber aus nichts anderem als Wasserstoffatomen die heutige Vielfalt entwickelte, die ein einzigartiges Beziehungsgeflecht darstellt, so ist auch menschliches Bewußtsein dabei, sich immer mehr miteinander zu vernetzen. Die Mittel dazu sind Sprache, Schrift, Gestik, Funk und Fernsehen usw. Die Computer werden diese Vernetzung immer weiter beschleunigen.

Das Ziel dieser wachsenden Vernetzung läßt sich erkennen. Immer mehr Menschen sind über das Geschehen auf der ganzen Erde immer besser informiert, und ihr Wissen über die Welt wird immer zutreffender und umfassender. Mit wachsendem Informationsumfang schwindet die Unterschiedlichkeit des Wissensstandes der einzelnen. Jedes individuelle Bewußtsein gleicht sich jedem anderen immer mehr an. Wir interessieren uns immer mehr auch für das Geschehen im ganzen Universum. Offensichtlich läuft alles auf die Vernetzung des ganzen Universums hinaus. Sie kann nur mittels Bewußtsein erfolgen. Es wird einst von universaler Größe sein. Die Anfänge erleben wir gerade mit.

Das Wissen um die Evolution allen materiellen Geschehens zeigt uns, daß Materie eine kontinuierlich wachsende Ordnungsstruktur ist. Und nun erkennen wir, daß auch Bewußtsein derselben Evolution unterliegt und ebenso eine kontinuierlich wachsende Ordnungsstruktur ist, aber auf einer anderen, sagen wir getrost: einer höheren Ebene.

Mit dem Aufdämmern von Bewußtsein bei unseren Vorfahren kündigte sich eine neue Dimension der Evolution an, die nicht mehr starr an die atomaren Kräfte gebunden ist. Nach Milliarden von Jahren dauernder Entwicklung leuchtet immer mehr die nichtmaterielle Welt auf, die Welt des Geistes. Nicht, daß sie jetzt erst entstünde. Materie und Geist sind nicht zu trennen und wirken seit Anbeginn. Was aufleuchtet, ist die Möglichkeit, die Bewußtsein bietet, nämlich Geist wahrzunehmen. Jeder Evolution liegt der Drang nach Veränderung zugrunde. So wurde aus einer Vielzahl von Atomen das jetzige Universum. Wir können es als die Folge einer »natürlichen« Evolution ansehen. Diese wird nun, nach der Entstehung von Bewußtsein, überlagert von einer »künstlichen« Evolution, der Technik. Sie ist die Folge von Bewußtwerdung und somit unserer Infragestellung der Natur. Der Beweggrund für unser Infragestellen ist der Wunsch, die Geschehnisse zu verändern. Wie kann man erreichen, daß die Samen von Gräsern größer wachsen, um daraus Mehl zu machen? Aus dem Wunsch nach Veränderung entstanden die Technik, aber auch unsere psychosomatischen Krankheiten, in denen sich der Oppositionscharakter unseres Bewußtseins besonders auffällig zeigt.

Nur der Mensch erschafft technische Stoffe und Geräte, die von der Schöpfung ohne ihn nicht hergestellt werden könnten. Das erscheint paradox: einerseits sind wir das Produkt der Schöpfung, anderseits sind wir in mancher Hinsicht mächtiger als sie.

Führt unser Wille zur Veränderung auch zur Überheblichkeit über die Schöpfung, so entartet er zum Machtwillen, zur Macht über die Natur und Mitgeschöpfe mit ihrer destruktiven Wirkung. Hier aber zeigt es sich, daß wir nicht autark sind, sondern gleichsam an der langen Leine der Natur agieren. Wird unser Übermut zu mächtig, so zerstören wir selbst unsere Lebensgrundlagen und berauben uns dadurch der Möglichkeit zu weiterer Zerstörung. Die »künstliche« Ebene der Evolution befindet sich somit in Rückkopplung mit der »natürlichen«, der mineralisch-biologischen. Die Natur wird ihre Ziele erreichen, zu denen sie die Menschen in ihrer Vielzahl braucht, ob diese nun einsichtig genug sind oder nicht. Schließlich gibt es mit Sicherheit noch viele andere bewohnte Planeten im All. Und irgendwo wird man wohl vernunftgemäß handeln.

ALL-EIN

Die Schöpfung strebt nach Einswerdung. Das zeigt nicht nur die beschleunigt wachsende Integration, sondern auch eine großartige Vermischung von allem, was getrennt ist.

Ein Beispiel hierfür ist der Stoffwechsel des Lebendigen. Er verbindet alle jeweils lebenden Organismen mit allen, die jemals zuvor unsere Erde bevölkerten, vorausgesetzt, es ist seitdem genügend Zeit vergangen. Jedes Atom, das wir uns mit der Atemluft einverleiben, hat schon Milliarden und Abermilliarden anderen Lebewesen als Atemluft gedient. Ebenso verhält es sich mit dem Wasser, das wir trinken oder mit der Nahrung aufnehmen. In jedem Glas Wasser befinden sich etwa 100 Atome, die schon den Leib Cäsars belebten, und ebenso aller Menschen, Tiere und Pflanzen, die zu seiner Zeit oder jemals zuvor lebten. Ursache dieser Mischung sind vor allem die Meeresströmung und das Wetter und die unvorstellbar große Anzahl von Atomen in einem Glas Wasser. Selbst ein Grashalm, der in alten Zeiten irgendwo grünte, wird darin mit einigen Atomen vertreten sein, und der alte Methusalem entsprechend mit vielen Hunderten.

Doch auch die anorganische Schöpfung betreibt einen Stoffaustausch. Die Erde fängt mit ihrer Schwerkraft täglich 1.000-10.000 Tonnen Meteoritenmasse ein und strahlt nachts große Energiemengen in den Weltraum. Die Astronomen zeigen uns Photos von Galaxien, die gewaltige Materieströmungen austauschen. So findet im ganzen Universum ein ständiger Materialaustausch statt, mit der Tendenz, letztlich alles mit allem zu verbinden. Materie bildet den Anfang hierzu, Geist die Vollendung. Solcherart kooperieren Materie und Geist, die uns doch als Alternative erscheinen: Zeitlichkeit und Zeitlosigkeit. Eigentlich sind diese Begriffe unvereinbar, aber wir Menschen als Bewußtseinsträger können sie als Erlebnis überbrücken im Alleinsein. In dieser Gemütsverfassung wird uns das Spannungsverhältnis Zeit–Ewigkeit lebendig. Dann sind wir allein: all-ein.

Dieses Wort besteht aus den beiden Begriffen »all« und »ein«, die den größtmöglichen Gegensatz bilden. »All« ist derart viel, daß mehr nicht möglich ist, und »ein« ist die kleinstmögliche Menge. Wie bei allen Gegensätzen, kann aber auch hier das EINE ohne das ANDERE nicht sein. Das ALL setzt das EINE voraus, und das eine ist immer nur möglich innerhalb von VIELEN oder ALLEN. So bilden selbst Gegensätze auch immer eine Einheit, die in dem Wort »allein« in wunderbarer Weise ausgedrückt ist.

Allein kann sich nur fühlen, wer um die anderen weiß. So wohnt dem oft so gefürchteten Alleinsein immer auch der Blick auf das Ganze inne. In dieser Emotion erleben wir, was die Mitglieder hochentwickelter Zivilisationen fast gänzlich verloren haben: das Empfinden dafür, daß wir alle aufeinander angewiesen sind. Dieses wird sofort sehr lebendig, wenn jemand beispielsweise allein auf hoher See im Rettungsboot sitzt. Er wird überwältigt von dem Bedürfnis nach anderen, die helfen. Je ausgeprägter das Alleinsein ist, um so stärker wird der Drang nach Gemeinschaft. Auf diese Weise kann unser Alleinsein der Wegweiser werden zu unserem Lebensziel. Immer aber war es die Quelle der Kraft zu großen intuitiven und kreativen Leistungen. Auch zwei Liebende suchen die Einsamkeit, selbst wenn sie sich nicht ihrer Nähe schämen, wie es die Bezeichnung »Schamteile« eigentlich fordert. Ob sie darum wissen oder nicht, sie suchen das Einswerden mit dem Du und letztlich mit dem All. Diese Brücke wird im Alleinsein geschaffen.

Manche fürchten sich vor dem Alleinsein, andere wiederum benötigen es immer wieder, niemand aber für dauernd. Schon die alten Griechen nannten den Menschen ein »Zoon politikon«, ein auf Gemeinschaft hin angelegtes Wesen. Wir brauchen einander, trotz aller Verschiedenheit. Kinder fürchten wohl alle das Alleinsein. Sie haben erst begonnen, ihr Wesen mit dem neuen Leib vertraut zu machen. Zu vieles ist ihnen noch fremd und kann daher noch nicht heimelig sein. Wenn sie nicht die helfende Nähe anderer fühlen, wird es ihnen unheimlich.

Einen anderen Grund mag es haben, wenn Erwachsene nicht allein sein können. Ihre Umwelt ist ihnen ja vertraut. Was ihnen unheimlich ist, das dürfte die Konfrontation mit ihrem eigenen Wesen sein, die wohl nur im Alleinsein möglich ist. »Brot und Spiele« war schon das Rezept der römischen Cäsaren, um das Volk zu beherrschen. Und das ist heute nicht anders, eher noch ausgeprägter.

Dem Sieger bei Massenveranstaltungen werden Summen bezahlt, die ein Facharbeiter kaum in seinem ganzen Berufsleben verdienen kann. Derart hoch wird die »Zerstreuung« der Massen gewertet. Sie jubeln ihren Sportidolen zu, oder einem fremden Staatsmann, wie es etwa Gorbatschow in Deutschland in einem solchen Ausmaß erlebte, daß man von einer »Gorbimanie« sprach, oder wie Engländer, die schon Tage und Nächte zuvor an einer Straße warten, um sich einen vorderen Platz zu sichern, wenn die Königin vorbeifährt. Wie gering muß das Selbstwertgefühl sein, wenn man andere derart überhöht. Sie alle möchten wie die Bewunderten auch eine wichtige Persönlichkeit sein.

Wenn alle in sich hineinschauen würden, wie es nur im Alleinsein möglich ist, anstatt Zerstreuung zu suchen, so könnten sie gewahr werden, daß sie nichts Wesentliches von den Bewunderten trennt, daß Ruhm, Macht oder sportliche Höchstleistungen nicht das Wesen des Menschen ausmachen, sondern daß dies nur seine Menschlichkeit im Sinne der Humanitas ist, wie sie nur im Alleinsein reifen kann, und wo auch die »Stimme« des Gewissens deutlicher vernehmbar ist. Im Alleinsein können wir als einzelne erleben, wie wir eins sind mit allem: ALLEIN. Dieses Wort symbolisiert Anfang und Ziel des Universums: am Anfang, als es nur das Eine gab, den Wasserstoff, und am Ziel die Integration von allem, das sich aus dem Einen entwickelte. Zugleich aber ist »allein« auch das Wort für unser Unterwegssein zu diesem Ziel. Alles Geschaffene ist immer eine Einheit.

Wenn sie einst erreicht sein wird in ihrer Vollendung, dann hat sich alles im Rahmen eines vom Schöpfer vorgegebenen Planes entwickelt, aber doch in einer Freiheit, die ein Ja oder Nein zuließ, ein aktives Unterstützen, eine Gleichgültigkeit oder ein Sich-Dagegenstellen. Alle werden dann das kosmische Bewußtsein bilden, das getragen sein wird von allen, die sich dann in ihrer langen Entwicklung letztlich doch aus freier Entscheidung, durch Selbstbeherrschung, Verzicht, guten Willen, Einsicht und Liebe zu dieser äußersten Freiheit emporgearbeitet haben. Der Schöpfer hat gleichsam nur die Leiter zur Verfügung gestellt mit ihren vielen, vielen Sprossen. Hinaufgeklettert ist jeder aus freiem Willen und eigenem Wollen. Am Ziel aber darf keiner fehlen, sonst wäre es nicht »all«. All kennt keine Ausnahme. Das bedeutet aber auch, daß jeder, der ans Ziel gelangen möchte, mithelfen muß, daß keiner zurückbleibt.

In der Natur hängt alles von jedem anderen ab. Das gilt auch für uns Menschen, und es gilt noch in einem weiteren Zusammenhang. Die Leiter, das ist die materielle Welt. Sie selbst kann nicht zur Einheit mit allem geführt werden, denn ihr Wesen ist die Abgrenzung. Aber sie ist das Mittel dazu. Wie eine Leiter, so hat auch Materie nur eine dienende Aufgabe. Mit ihrer Hilfe, mit der ihr eigenen Gesetzmäßigkeit wird Geist zur Einheit geführt, zur Identität von Schöpfung und Geschöpf. Die Schöpfung schuf Menschen, um sich selbst erkennen und erleben zu können, und Menschen können sich nur dann in ihrem Wesen erkennen und erleben, wenn sie die Schöpfung in ihrer Gesamtheit, in ihrer Einheit erkennen und erleben.

Weltanschauung muß uns letztlich die Einsichten vermitteln, die zur Sinnfindung des Lebens erforderlich sind. Auch die Konfessionen geben vor, ihren Anhängern die geistigen Grundlagen zur Lebensführung zu bieten, weil diese alle in der Bibel zu finden seien.

Doch die Sinnfrage, von der sich alles Verhalten ableiten muß, die einzige Quelle für Humanität, wird in der Bibel nicht gestellt, weder im Alten noch im Neuen Testament. Und so kommt es, daß wir fast jeden Menschen, dem wir begegnen, mit dieser Frage nach dem Sinn seines Lebens verblüffen. Hier drei Beispiele von Leuten, die aus Gründen ihres Berufs eigentlich kompetent sein müßten:

In der Sendereihe OMNIBUS in Südwest 3 vom 28. Juni 1992 wurde Dr. Werner Geist hierzu gefragt. Seine Antwort: »Der Sinn des Menschen – daß er macht, was sonst niemand kann –, er macht Kultur, ein transzendentäres Denken, er geht ins Metaphysische. Man kann von einem ›Homo metaphysicus‹ reden. Wenn ich den Mut habe, zu sehen, daß dieses transbiotische Denken da ist, daß Natur im Menschen denkt, im Menschen eine Kultur erzeugt, kann ich nicht mehr ohne weiteres sagen: mein Leben ist sinnlos.« Mit anderen Worten, er weiß auf die Sinnfrage keine Antwort.

Nicht besser ging es Hanna Renate Laurien am Schluß einer Diskussion mit Eugen Drewermann auf dem Katholikentag 1992, als der Gesprächsleiter diese Frage stellte: »Es gibt einfachere Fragen. Der Sinn meines Lebens besteht darin, daß ich versuche – da erstirbt einem schon das Wort im Munde –, daß ich versuche, für andere Menschen dazusein. Daß ich versuche, meine Alltagspflichten, auch wenn sie mir lästig sind, mit vergnügtem Eindruck zu erfüllen; und im allerletzten, daß ich selbst mein Leben als mir geschenkt erfahre, das ist für mich unauslöschlich, das heißt, im Erfolg nicht übermütig zu sein und im Mißerfolg nicht zu verzweifeln. Ich erfahre mein Leben als Geschenk. Das ist eigentlich der letzte Sinn meiner Existenz.«

Da war die Antwort von Eugen Drewermann schon erfreulicher, wenn auch noch recht hilflos: »Normalerweise würde ich niemandem sagen, woran er glauben soll; ich selber glaube, ich bin für ihn nicht der Maßstab. Jeder Ratschlag ist auch ein Schlag, der weh tut. Und er schafft falsche autoritäre Bindungen. Wenn es aber ganz gut geht, würde ich dem anderen sagen: ›Ich freue mich über das Geschenk deiner Gegenwart. Und der Sinn meines Lebens ist, daß ich dich lieben darf.‹«

Daß die Natur im Menschen eine Kultur erzeugt, wie Dr. Geist feststellt, ist allein nicht sinnvoll. In welch häßlichen Zustand hat die menschliche Kultur unsere Erde gebracht! Unsere Kultur ist so destruktiv, weil sie von keiner Kenntnis der Sinnfrage gelenkt wird.

Frau Laurien sieht den Sinn ihres Lebens im Dasein für andere Menschen. Damit kann ihr Leben nur Sinn haben, wenn auch das Leben der anderen sinnvoll ist. Ihren eigenen Sinn muß sie aus dem erhofften und vermuteten, aber nicht erkannten Sinn der anderen ableiten. Und ein Geschenk zu erhalten kann niemals der Sinn dieses Geschenkes sein. Der Sinn eines Geschenkes liegt in der Absicht, die damit bezweckt ist.

Herr Drewermann sieht seinen Sinn in der Möglichkeit, jeden Menschen, dem er begegnet, lieben zu dürfen. Er mag dies als eine Aufgabe, eine schwere Aufgabe verstehen, die in den meisten Fällen unsere Fähigkeiten überfordert. Seine Antwort zeigt, daß er mit der Sinnfrage ehrlich gerungen hat. Ehrlich, weil er sein eigenes Wesen damit in Frage stellte. Weil er damit feststellen muß, wie oft er seinem eigenen Ziel nicht folgen kann. Das verdient unsere Hochachtung.

Mit den Möglichkeiten des christlichen Gedankengutes, mit dem Wissensstand vor mehr als 2000 Jahren ist die Sinnfrage nicht zu beantworten. Die Antwort setzt intime Kenntnisse der Naturerforschung, der Wissenschaften voraus, der Evolution, ihres Beginns, dessen, was sie in den 20 Milliarden Jahren bis heute erreichte und wohin sie sich weiterentwickelt. Man muß den Beginn und das Ziel im Auge haben. Nur vom Ziel her gesehen wird jeder Schritt in seine Richtung sinnvoll, jeder Umweg und jeder Schritt in die Gegenrichtung zum Unsinn.

Nicht nur nicht das Christentum, nein, keine Konfession kann die Sinnfrage beantworten. Daher wurde die Menschheit zur Gefahr für diese Erde. Wir sind ratlos, weil die Konfessionen keinen brauchbaren Rat geben können. Wir werden mit der großen Anzahl von Menschen nicht mehr fertig, weil wir versuchen, die heutigen, durch die technischen Fähigkeiten ungemein kompliziert gewordenen Probleme mit archaischen Mitteln zu lösen – mit Krieg, Eigennutz, Gewalt über andere.

Der desolate Zustand der heutigen menschlichen Gesellschaft entwickelte sich trotz der Forderung: »Du sollst deinen Nächsten lieben wie dich selbst.« Das ist so, als würde man im Kindergarten damit beginnen, Astrophysik zu lehren. Diese Forderung nach Matth. 19,19 kann erst nach sehr, sehr langer menschlicher Entwicklung erfüllt werden.

Das biblische Postulat der Nächstenliebe ist derart hoch angesiedelt, daß sich fast niemand darum schert. Sehr erleichtert wurde diese Mißachtung auch dadurch, daß man Jesus zu einer Gottheit erhob. Was ein Gott fordert und bisweilen auch vorlebt, ist für uns schwache Menschen eben unerreichbar. Indem man Jesus zum Gott machte, wurde er für die Menschen unverbindlich. Jeder Versuch einer Nachahmung mußte scheitern und dem Probanden ein schlechtes Gewissen verursachen. Jesus zum Gott zu erklären war vielleicht der raffinierteste und perfideste Schachzug von Konstantin und dem von ihm Anno 325 einberufenen Konzil von Nicäa, um die Gläubigen mit einem schlechten Gewissen und ständigen Schuldgefühl an die Kirche zu binden. So werden sie seither in einem Bewußtsein festgehalten, das in krassem Widerspruch zu unserem heutigen hochentwickelten Wissen steht.

Niemand wird so überheblich sein, einem anderen seinen Lebenssinn vorzuschreiben. Es gründet in unserer Freiheit, daß nur wir selbst uns einen Sinn für das Leben vorgeben können. Hier zeigt sich jedoch auch unsere besondere Stellung in der Schöpfung, daß nur wir eine solche Frage stellen. Keine Pflanze, kein Tier plagt sich damit herum. Gewiß werden sich noch längst nicht alle Menschen die Sinnfrage stellen oder auch zu beantworten suchen. Die Erkenntnis aber, daß das Leben sinnlos sei, machte es für sie alle unerträglich.

Gerade solche Menschen sind es aber, die ihre eigene Existenz schon in bezug setzen zur Gesamtheit des All. Vielleicht können wir ihnen helfen, den eigenen Wert und den Sinn ihres Daseins zu erkennen, wenn wir mit ihnen über das Ziel der Evolution sprechen, und wie diese, und damit auch die Schöpfung, auf unsere Mithilfe angewiesen ist, um ihr Ziel völliger Integration von allem zu erreichen.

Jeder, der gewillt ist, seine Lebensführung auf das erkannte Ziel der Schöpfung auszurichten, hat sein eigenes Lebensziel und den Sinn seines Menschseins gefunden. Weitgehend unabhängig von äußeren Bedingungen (sofern das materiell Nötige vorhanden ist) wird es ein glückliches, sinnerfülltes Leben sein.